设计与制作

广西民族首饰

GUANG XI MIN ZU SHOU SHI
SHE JI YU ZHI ZUO

中等职业教育改革发展示范学校建设项目系列教材

主编◎ 淡睿 徐谦

副主编◎ 黄燕群 梁战锋 易卫

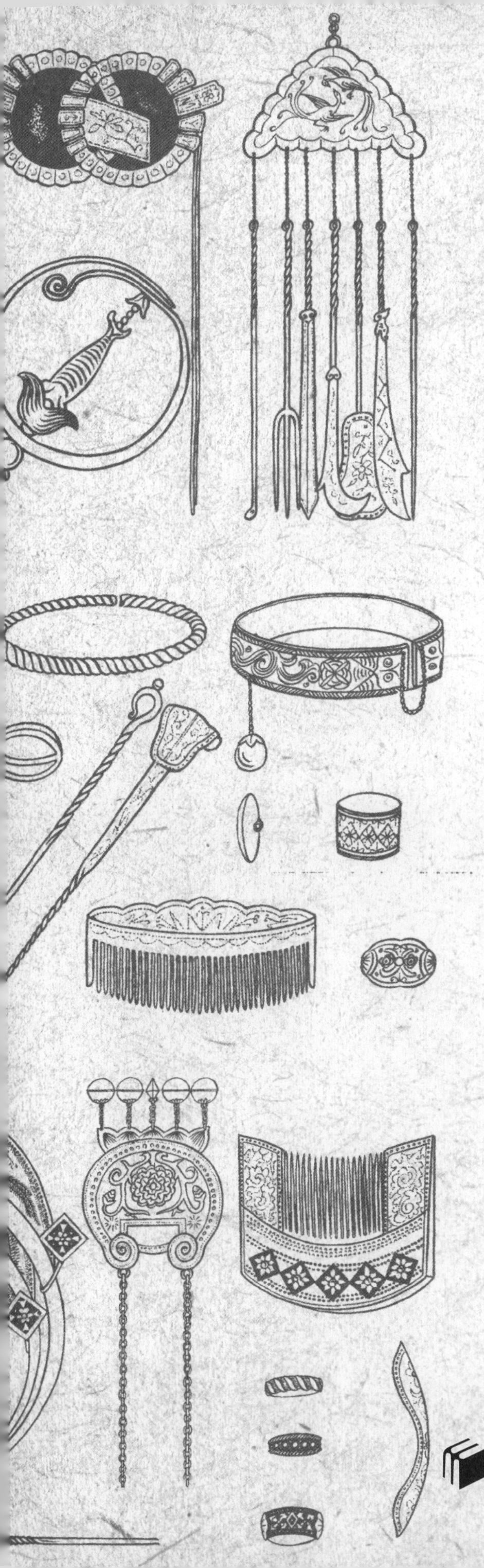

U0681453

经济管理出版社
ECONOMY & MANAGEMENT PUBLISHING HOUSE

图书在版编目（CIP）数据

广西民族首饰设计与制作/淡睿，徐谦主编. —北京：经济管理出版社，2015.6
ISBN 978-7-5096-3870-5

Ⅰ.①广… Ⅱ.①淡… ②徐… Ⅲ.①首饰—设计—中等专业学校—教材 ②首饰—制作—中等专业学校—教材 Ⅳ.①TS934.3

中国版本图书馆 CIP 数据核字（2015）第 147537 号

组稿编辑：魏晨红
责任编辑：魏晨红
责任印制：黄章平
责任校对：赵天宇

出版发行：经济管理出版社
　　　　　（北京市海淀区北蜂窝 8 号中雅大厦 A 座 11 层　100038）
网　　址：www. E-mp. com. cn
电　　话：(010) 51915602
印　　刷：北京市海淀区唐家岭福利印刷厂
经　　销：新华书店
开　　本：787mm×1092mm/16
印　　张：8
字　　数：195 千字
版　　次：2015 年 6 月第 1 版　2015 年 6 月第 1 次印刷
书　　号：ISBN 978-7-5096-3870-5
定　　价：32.00 元

前言

　　我国是多民族聚居的国家，少数民族在漫长的历史岁月里，形成了独特、鲜明的民族风俗及艺术形式，集中体现在服饰、饮食、居住、礼仪、节庆及婚丧嫁娶等方面。这些民族文化资源以其鲜明的民族特色和深厚的文化内涵，成为中华文化的重要组成部分，是中华民族宝贵的文化遗产。

　　民族首饰作为民族文化的物质载体，蕴含了丰富的民族文化元素，代表了各民族的工艺水平，是各民族集体智慧的结晶。学习少数民族首饰的设计与制作，有助于传承和发扬少数民族文化，并为掌握首饰的基本设计和制作技巧打下基础。

　　本书共四章，分别为民族首饰的定义和分类、广西民族首饰设计、首饰制作材料及工具简介、金属首饰的制作工艺及流程。其中对设计基础、民族首饰手绘设计、广西常见的首饰设计、计算机辅助设计、金属首饰的制作工艺及流程等进行了重点讲述。每节后都配有思考与练习，让学生在循序渐进的学习中不断巩固和拓展，是一本重基础、重实用性、具有民族特色的中职学校教材。

　　本书由淡睿、徐谦主编，黄燕群、梁战锋、易卫副主编，刘燕翔、黄立杰、梁玲、庞球、邓凤玲、覃海莹、叶家宁、邝莹、李沛丽、黄艺、余敢冲、马伟霞等同志参编，在此对他们的辛勤劳动表示诚挚的感谢。由于作者水平有限，书中难免存在缺点和不足，殷切希望广大读者批评指正。

编　者

2015 年 6 月

目录

第一章
民族首饰的定义和分类

一、学习目标

使初学者对民族首饰的定义、首饰的材料及分类有初步的认识，为即将开始的首饰设计制作课程学习打下理论基础。

二、本章重点

（1）首饰的制作材料。

（2）首饰的分类。

三、本章难点

由于首饰制作的材料品种多样，有些材质表面看来十分接近，初学者容易混淆。

首饰原指人们佩戴在头上的装饰物，后泛指佩戴在身上作为装饰的物品。因此狭义的首饰定义，是指用各种金属、宝石等材料制成的并且具有一定装饰作用的饰品。

对于民族首饰的定义要从遥远的洪荒年代说起。当我们的祖先穿树衣和兽皮的时候，就已有首饰出现。古人将贝壳、骨骼、龟甲等用植物的茎秆串起后戴于颈部或手部，这不仅是身份的标志，并且能够彰显自身的社会地位，从而得到更多女性的青睐，特别是佩戴在咽喉部位的配饰在关键时刻还能够抵挡野兽及弓箭的攻击。综上所述，人们制作和佩戴首饰的原始动机是生活所用、保护生命、彰显身份、繁衍后代，而民族首饰很好地继承了以上特点。

我国是多民族国家，在浩瀚的历史长河中数次的朝代更替，在不同的地区形成了独具特色的民族首饰，如广西壮族自治区就有壮族、瑶族、苗族、侗族、水族、仫佬族、毛南族、黎族、回族等少数民族，他们都有民族特色浓郁、五彩斑斓的首饰。

▶ 少数民族首饰

民族首饰的分类方法可谓多种多样，通常以制作材料、装饰部位、佩戴者、使用角度、价值等方面进行分类。

一、按制作材料分类

1. 金属类首饰

贵金属首饰——黄金、铂金、K金、银等。

普通金属首饰——铜、钢、铁、铝等。

特殊金属首饰——稀金、合金、不锈钢等。

2. 宝石类首饰

天然宝石类首饰——钻石、红宝石、蓝宝石、祖母绿、翡翠、玉石、碧玺、猫眼、玛瑙、绿松石、孔雀石、天然水晶等。

▶ 钻石

▶ 红宝石

▶ 蓝宝石

▶ 祖母绿

▶ 碧玺

▶ 绿松石

▶ 猫眼

▶ 孔雀石

合成宝石类首饰——合成立方氧化锆、玻璃、人工琥珀、合成水晶等。

3. 有机类宝石

珍珠、贝壳、珊瑚、象牙、琥珀、蜜蜡、骨骼、皮革、木质等。

▶ 白色珍珠

▶ 金色珍珠

▶ 黑色珍珠

▶ 粉色珍珠

▶ 紫色珍珠

▶ 红珊瑚

▶ 琥珀

▶ 蜜蜡

4. 其他类首饰

塑料、陶瓷、软陶、布制、绳艺等。

二、按装饰部位分类

（1）头部——王冠、后冠、发簪、钗、笄、发卡等。

（2）面部——耳环、耳坠、鼻环、鼻钮、眉钉、唇钉、舌钉等。

（3）颈部——项链、项圈、吊坠、领饰等。

（4）身饰——胸针、勋章、纽扣、腰带、皮带、腰坠等。

（5）手部——戒指、手镯、手链、臂环、袖口、手套等。

（6）脚部——脚环、脚镯、脚链等。

（7）其他——镜子、包、手杖等。

三、按佩戴者分类

（1）性别——女性、男性。

（2）年龄——儿童、少年、青年、中年、老年。

四、按使用角度分类

（1）装饰类首饰——单纯意义上的装饰作用，用于日常服装的搭配。

（2）身份类首饰——彰显与一般人不同的身份地位的首饰，如部落首领的头饰。

（3）荣誉类首饰——如蒙古族摔跤选手腰部系的代表战功的腰带。

（4）功用型首饰——如带有香薰功能的首饰等。

（5）纪念性首饰——用于庆典或者是有特殊意义活动时专用的首饰。

五、按价值分类

（1）高档首饰——做工精良、用料名贵、设计精美或有特殊意义。

（2）中档首饰——做工一般、普通材质、可日常佩戴。

（3）低档首饰——做工粗糙、用料低端、无设计可言。

● **思考与练习**

（1）概述民族首饰的定义。

（2）民族首饰的基本分类有哪些？

第二章

广西民族首饰设计

一、学习目标

通过本章的学习，能够独立设计、绘画首饰效果图。

二、本章重点

（1）设计基础。

（2）手绘或使用计算机软件绘制首饰效果图。

三、本章难点

手绘或使用计算机软件绘制都需要设计者具有一定的美术功底，在这点上需要勤加练习。

民族首饰设计简介

一、首饰设计的产生

在很长的历史时期，工匠们都是依靠经验来打制首饰，这样的方式使得制作过程缺少了可操控性，但是经过设计后再打制的首饰大大增加了加工时的预见性和操控性。在封建社会时期，工匠们为了满足统治阶级的需求，在打制首饰前都会根据统治者的喜好而设计出图稿。

到了现代，随着人类审美要求的改变和对生活品质的要求不断提高，每一个首饰企业，无论大小，都会拥有独特风格的设计师，拥有自己专属的首饰设计产品。首饰设计师在整个生产销售的环节中起着举足轻重的作用，首饰设计是必不可少的一个环节。

▶ 在法国最先进的工作室（Dior），他们将设计图形象地演绎出来

二、首饰设计的定义

首饰设计是设计者利用自己的专业素养，参照审美要求及市场需求，依照一定的设计风格，把对首饰的造型构思、材料及工艺要求，通过视觉的方式传达出来并实施制作或生产的活动过程。随着珠宝首饰佩戴的普遍化及人们生活水平的提高，人们对首饰设计越来越重视，设计者不仅要表达个人的审美观点，还要权衡首饰的装饰性与商品性两个特点。

三、首饰设计的三要素

一般来说，首饰设计的三个要素分别是设计构思、艺术形象及实用要求。

设计构思是指设计师将情感、设计理念、主题注入首饰中，这与设计者自身的文化底蕴和艺术修养有密切的联系。

一件首饰要有鲜明的艺术形象，如抽象或具象、简约或繁复、大气或精致、端重或俏皮。将首饰蕴含的设计语言表达出来，展现给人以美的享受，强调它的造型艺术性。

从设计图变成可佩戴的首饰，这期间需要考虑多方面的因素，如选材及材料搭配、首饰尺寸、加工工艺实现的可行性、佩戴人群的情感需求及佩戴要求等。综合以上因素经过加工制作后的首饰才达到可实用性。

四、首饰设计的内容

1. 首饰设计理念

首饰设计理念应与思想倾向、文化风潮相一致，与工艺制作水平协调发展，并需要结合现代首饰的风格特色，如张扬个性、追求唯美、返璞归真、推崇创新、复古潮流等。

2. 首饰设计方法

首饰设计不仅是懂得产品结构、能绘制图纸，还需具有根据不同对象、不同内容、不同要求设计出不同作品的能力。例如，客户需要定制首饰时，设计者就需要根据客户的喜好、年龄、性别、阶层等特征来设计，并且设计初稿得到客户首肯后，再根据生产需要，绘制首饰最终效果图，然后提出工艺、指标、检验标准等一系列内容后，

最后才能进入生产线。

根据目前首饰市场的情况，首饰设计的方法主要有以下几种：

第一，依据特定指标设计首饰。例如，客户提供需求，是一枚 2 克拉的蓝宝石的吊坠。这里的特定指标是 2 克拉和吊坠，首饰设计师的设计始终都要在这两个指标上进行。要做好这类首饰设计，首先要熟悉原有材料的特征和产品结构，其次是确定吊坠的外观，包括简洁、繁复、大气、精致等造型特点。

▶ 吊坠的外观

第二，依据特定主题设计首饰。例如，国内的首饰专柜都会在不同时期推出不同款式的首饰，以国内某珠宝品牌为例，在新年、情人节、圣诞节等都会推出不同主题及造型的 Hello Kitty、Miky、Bear 等面向大众。这类首饰设计主要是体现设计者的艺术想象和创作能力，设计者可以根据自己的理解和创作力来设计产品。这类设计是很具个人特色和专业基础的。

▶ 造型首饰

第三，依据要求设计改进产品。这类设计占首饰设计的比例是较大的，因为企业是无法在短期内对所有旧的产品做新的设计的，对于过时的首饰，只有重新构思创作，以迎合时代审美和消费需求。这样的首饰设计虽然有限定的条框，但是又有一定的创作空间。

设计基础

很多人将珠宝首饰比喻成一件小型的雕塑，点、线、面以非常特别而又合理的方式组合在一起。就是这样小小的首饰却能够带来视觉盛宴，撼动观者和佩戴者的心灵，这就是设计的魅力。

一、几何要素在设计中的体现

（1）点要素在设计中的体现。"点，本质上是最简洁的形……它的张力最终是向心的……点纳入画面并且随遇而安。因此，它的本质上是最简明稳固的宣言，是简单、肯定和迅速形成的。"这是康定斯基在《点·线·面》中描述的。几何学中的点，只有位置，没有形状、大小、厚度，但是在绘画和设计中，点已经不是几何学意义上的点，这里的点有大小、有长度、有厚度，也有情感。

珠宝首饰设计中的"点"，常可以用不同的材料，通过不同的排列组合展示出不同的形式。点在设计中的应用体现在：

其一，如果单一的"点"如一颗昂贵的宝石镶嵌在铂金或者是黄金上，便形成了视觉的中心点，这种点元素的表现形式在精品首饰设计中是最为常见的，这时候这个"点"的价值是毋庸置疑的，设计师选用各种镶嵌工艺衬托出"点"的华彩。

▶ "点"在首饰中的应用

其二，多个"点"有序或无序的组成一排，就形成了具有导向性和张力的线，如相同形状的宝石作为点元素排成直线、曲线、字母。

► Dior 求婚戒指，由碎钻镶嵌法语字母"OUI"

有时这些点作为几条金属线的终点，像天空中散布的星象，由于金属线的导向性而产生了向心力，呈反射状。

► 呈反射状的首饰

其三，当多个点或大或小、或多或少、或平静或跳动、或有意或无意地装饰于线与面上的时候，这些点也就有了肌理的意义，有时候这些点的目的只是作为装饰意义，而有时候也是为了对比光滑的金属表面。

▶ 大小不一的凹点在金属表面形成了特别的肌理

▶ 在金属表面镶嵌满了小钻，这些凸点也就形成了肌理

▶ 光滑的金属与镶有钻的表面形成了强烈的质感对比

（2）线要素在设计中的体现。"几何学上，线是一种看不见的实体。它是点在移动中留下的轨迹……它是由破坏点最终的静止状态而产生的，这里我们有了从静到动的一步。"康定斯基在《点·线·面》一书中从线的张力性和方向性两种基本属性论证了各种形式线的力象和意象。首饰设计中的"线"可以充满了力度，狂放不羁，也可以精致优美，温和细腻。

线在首饰造型结构中，常以多种不同的基础状态呈现：

其一，本身由点元素排成的线。数个"点"如均匀的玉珠子连成串就构成了一条"线"，也可以是大小不一、材质不同的宝石串成多条"线"而组成更具设计感的首饰。

▶ 数个"点"串成的首饰

▶ 由大小不一、材质不同的宝石串成的首饰

其二，作为面之上的装饰纹理的线。线常常装饰于面上，有时候只为了增加肌理感而存在，有时也是作为首饰造型中独立的元素置于面上。

▶ 金属线像藤蔓似的缠绕在主石上，复古而精致

其三，以线为主体而直接构成的线。一条简单的金属线经过设计师的巧妙构造后，就能够得到一件十分精致的首饰。

▶ 简单精致，富于设计感

其四，在首饰设计中，线还以其他多种多样的形式存在。有时是密集排列的金属线组成的面与光滑的金属表面形成肌理上的对比等，而有些线元素本身就是有体积感的存在。

其五，多条线相互交叉缠绕而成的体。在首饰设计中，由"线"变成体的实例较多，如多条线扭结成的辫、线与点编织成面。

▶ 多条金属及珍珠扭结成辫　　　　▶ 金属编织成面

（3）面要素在设计中的体现。"肌理最丰富的可能性都因它的制作加工而存在：平滑的、粗糙的、颗粒状的、荆棘状的、抛光的、天光泽的以及三度空间的面……从两方面提供了一种精确的，但灵活而机动的处理机会：肌理与各要素形成一种对应的方向，并因此通过起主导作用的外在手段使它们本质上得以加强。"康定斯基在关于面

的论述中强调了肌理的性质和作用。

在首饰造型结构中，面常以多种不同的基础状态呈现：

其一，纯几何面。纯几何面主要形式是平面、曲面、折面和弧面。平面分为多种形状，可方可圆亦可不规则。曲面又分为规则曲面和自由曲面。

▶ 纯几何面

▶ 曲面

其二，从其表面属性上可分为光滑的面和有各种肌理的面。

▶ 光滑的表面

▶ 浮雕肌理表面

其三，从其材料属性上可分为各种质感和各种色彩的面。

其四，由"点"、"线"、"面"三种元素综合使用在同一件首饰上。

▶ 由点组成线，再由线组成面。这两件首饰同时具有 点、线、面三种元素

二、非几何要素在首饰设计中的体现

1. 立体构成与方法

当代设计教学中将"构成"分为三类：平面构成、色彩构成和立体构成。其中，立体构成原理在首饰设计中被广泛运用，立体构成就是以三维空间形态为对象，并采用一定的工具和材料加工制作，按照平面构成和色彩构成进行创造的过程和结果。因此，立体构成的内容大致可由实体形态元素、形式美法则、材料与工艺、艺术形态具有空间属性四个方面组成。

立体构成教授学生的是如何在三维空间中将实体形态元素按照一定的形式组合制作成富于个性美感的立体形态，通过对形态、色彩、肌理、空间等方面的训练最大限度地挖掘学生的创造潜能。

立体构成是现代设计领域中一门基础造型课程，也是一门艺术创作设计课程。设计者要具备敏锐的观察力、提取和抽象的能力以及空间造型构思的能力，具备了这几种能力，才可以创造出有深度、有新意的作品。对于学习立体构成的方法包括了设计理论和实践操作。

设计理论的学习，要从培养设计的理念和设计的思维两个方面入手：

（1）设计理念。立体构成的创作首先要有一个很棒的理念。

影响和决定设计理念的一方面来自设计者自身的感官经验，因为设计不仅是用眼睛去看、用手去做，更要有对生活的感悟和情感；另一方面来自对自然形态的观察，自然界中有丰富多样的物种，它们的形体、结构多样，设计者可以提取它们的元素进

行模仿或者改造升华。

改造升华
→

改造升华
→

改造升华
→

（2）设计思维。除了有一个设计理念以外，还需要有一个适合立体构成的设计思维：其一，要有三维视点，由于首饰设计的创作是在三维空间里完成的，因此，立体感对于立体构成的创作格外重要。在创作时应当以全方位的视角来审视作品，杜绝二维图纸思维，在研究和欣赏立体构成的作品时也是如此，要整体而全面。其二，要有逻辑思维，这要求设计者对空间和元素有着理性的分析、合理的判断和正确的组合。其三，要有一个发散性思维，发散性思维是一种具有联系性的思维方式，因为设计的结果有时与最初的想法是不一样的，这需要设计者能够在设计过程中不断地改进升华，甚至有将错就错的精神。

对于初入门立体构成的学生来说，实践操作应以循序渐进的方式进行，下面从单体、浮雕、柱体、壳体、线材、块体逐一介绍。

1）单体。在立体构成的实践最初训练中从单独形状的造型开始，把纸面上的简单的二维形象变成三维立体实物。做单体训练时虽然物体相对简单，但是仍需细细琢磨局部特征，丰富细节。

▶ 单体

2）浮雕。浮雕的艺术面貌主要是由同一个二维元素通过"复制"、"变形"等形式转化而来的。做浮雕训练的时候要注意细节，要使作品更有深度，更具空间感。

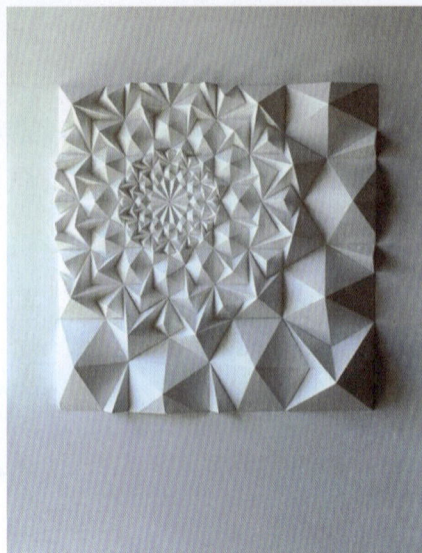

▶ 浮雕

3）柱体。柱体在设计空间发挥上比浮雕更进了一步，更多的艺术性表现在柱体上。在做柱体训练时要摒弃以往"柱子"的形象，要添加更多的设计手法在柱体上。

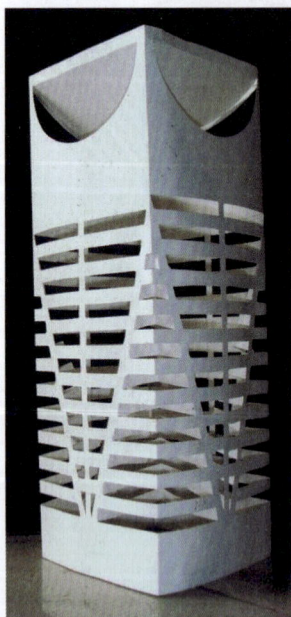

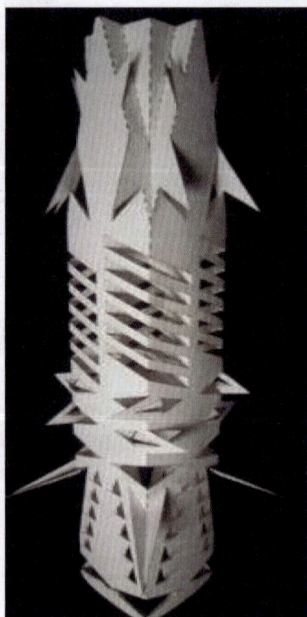

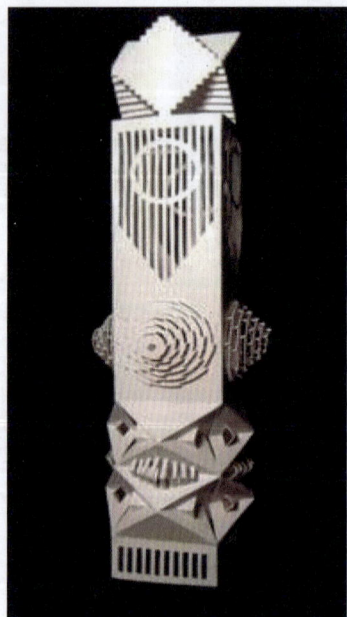

▶ 柱体

4）壳体。在做壳体训练的时候需要注意壳面与壳面之间转折的韵律感，要提高"壳体"的美感，并要在于转折转接处下功夫。

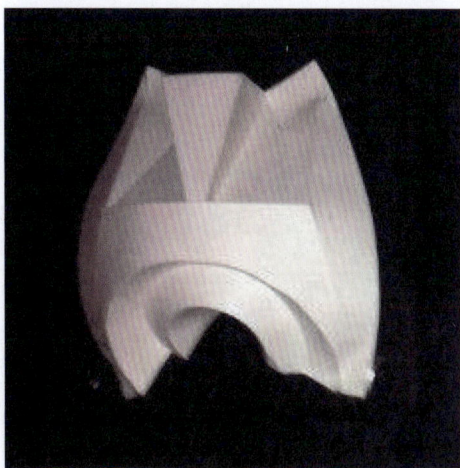

▶ 壳体

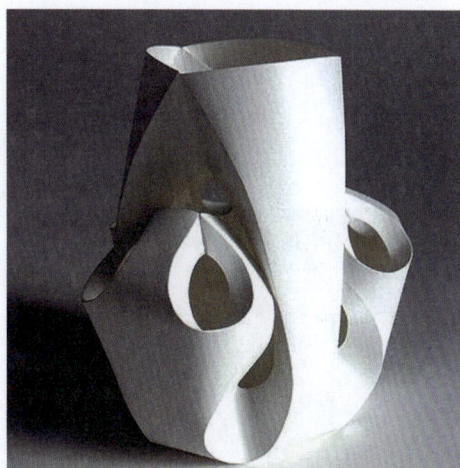

5）线材。通过不同长短、粗细、形状、质感的线材交织组合具有设计感的作品。

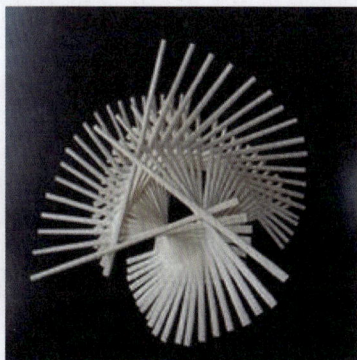

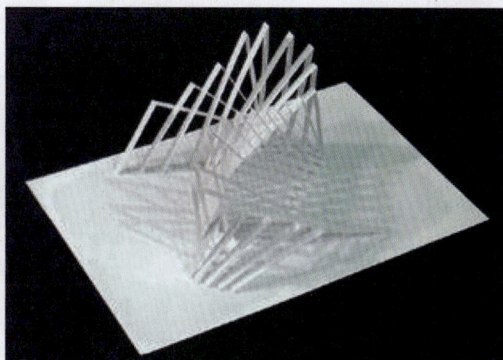

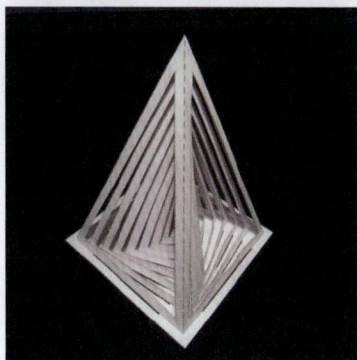

▶ 线材

6）块体。块体构成的实用性非常强，在塑造形体的设计中运用十分广泛，如首饰设计、工业造型设计、建筑模型设计等。

块体可以由一个独立的造型简单的单体构成，如多面体，也可以由多个单体通过

一定的形式组织构成。制作块体主要以变形、删减、添加的手法去创作。块体的训练一样不能放过细节，反而需要更注重细节，需要在简单的形体上做出丰富而生动的细节。

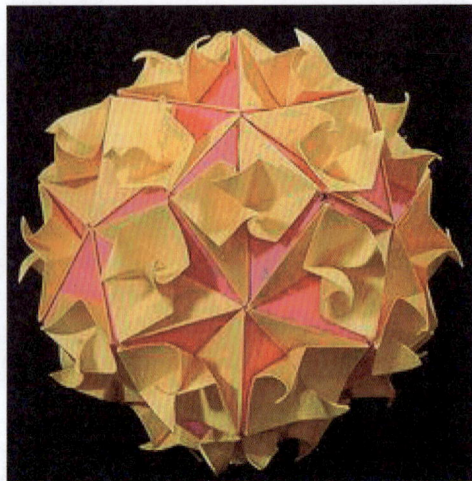

▶ 块体

2. 色彩在设计中的应用

民间美术有一句话——"远看色彩近看花"，说明了色彩在设计产品中的重要性。色彩构成在现代产品的设计中也具有很强的功能性，表现在它可以表明当代的流行色、可以调节消费者或者观赏者的情绪、不同的色彩可以代表不同人的性格。比如，红色和黑色给予的心理刺激是截然不同的，红色代表热情、温暖，黑色让人感觉神秘而沉稳。

那么，要在首饰设计中把控色彩的应用，首先要了解什么是"色彩"。

（1）原色与混色。按照惯例，我们将原色分为三种：红（品红）、黄（柠檬黄）、蓝（天蓝）。

▶ 三原色

在设计中，往往需要用到多种不同的色彩，而丰富多彩的颜色就是根据这三种原色按照不同的比例混调出来的。

（2）色相。每种颜色都有自己的名称，这些名称就是色相，如红、黄、蓝、绿、青、紫、黑等。在首饰设计中，为了方便设计与制作，同样对珠宝的颜色进行编号及命名，如锆石色卡及人造水晶玻璃色卡。通过不同色相的组合配色，我们能得到多彩的设计作品。

白锆	粉红	变蓝	中金黄	深金黄
石榴红	浅紫红	深蓝	深紫红	橄榄绿
黑锆	中香槟	深香槟	苹果绿	海蓝锆
咖啡锆	桔红	橄榄黄	翠绿锆	乳锆

▶ 锆石色卡

OR 1	OR 2	OR 3	OR 4	OR 5	OR 7	OV 6	OV 7	OV 8	OV 9	OV 10	OV 11
OR 8	OR 10	OR 11	OR 13	OY 1	OY 2	OV 12	OV 15	OV 16	OV 18	OV 20	OV 22
OY 3	OY 6	OY 7	OY 8	OY 9	OY 10	OV 23	OV 25	OV 26	OV 27	OV 28	OV 29
OC 1	OC 3	OC 4	OC 5	OC 6	OC 8	OV 30	OV 32	OV 33	OV 34	OV 35	OK 1
OC 9	OC 11	OC 12	OC 14	OC 15	OC 19	OK 2	OK 3	OK 4	OK 5	OK 6	OK 7
OC 20	OS 1	OS 3	OS 4	OV 1	OV 3	OK 9	OK 12	OK 14	OK 17	OK 18	OK 19

▶ 人造水晶玻璃色卡

（3）明度。明度表示单个色彩的强度，也就是艳丽度。我们可以选择单色系运用不同的明度排列，形成渐变效果。在做渐变效果的时候，切忌选择多种色彩，否则会花乱，适得其反。

▶ 渐变色卡

▶ 颜色渐变在首饰中的应用

（4）色彩的特性。

1）色彩的冷暖之分。虽然说温度的感觉来自触碰，但是物体也能通过表面的色彩传达给人们温暖或冰凉的感觉。我们将色彩分为暖色与冷色：暖色的代表颜色有红、橙、黄等；冷色的代表颜色有蓝、绿、青等。

▶ 色彩的冷暖

2）色彩的轻重之分。不同的色彩给人的轻重感是不同的，特别是色彩和材质的合理搭配，这种感觉会更强。如古铜色金属吊坠、绿色琉璃吊坠、白色珍珠吊坠，这三件吊坠前者让人感觉厚重，后者则感觉轻盈。

▶ 色彩的轻重

3）色彩的艳丽与素雅。艳丽与素雅，这两个词在首饰设计中，可以以这两类风格来举例说明——欧式和禅意。一般来说不论是单色还是混合色，饱和度、亮度越高，就越艳丽；反之，则越素雅。

（5）色彩与性格。设计者在针对客户提供的信息制作首饰时，从客户的性别、地位、喜好、用物的颜色等来分析客户的性格，然后选择与之相配的一种颜色作为设计的主色调。

红色：热情、活泼、温暖、幸福、吉祥、警惕、危险等。

粉色：可爱、浪漫、活泼、天真、年幼、感性等。

黄色：明朗、皇权、高贵、引起注意等。

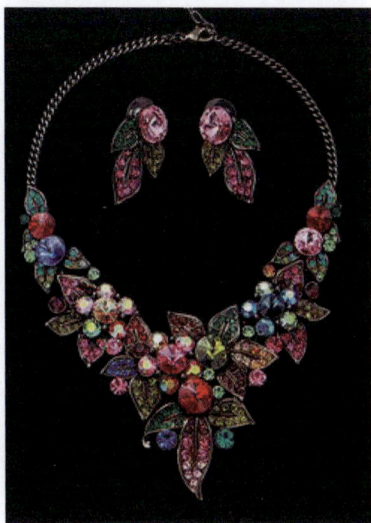

▶ 艳丽

▶ 素雅

绿色：希望、生机、和平、柔和、中性、安全、理想等。

蓝色：广阔、深远、开明、诚实、理智、寒冷等。

紫色：优雅、高贵、美丽、成熟、浪漫等。

白色：纯美、圣洁、素雅等。

黑色：神秘、庄严、黑暗、孤傲等。

3. 肌理在设计中的应用

肌理一般是指物体表面的纹理和质地的特征，因此也称肌理为质感。在设计中的肌理，是指用不同的方法制造出来不同的物体表面效果。

对于肌理形成的方式可以分为自然肌理和人工肌理。自然肌理是指物体自身具有的纹理，设计者在面对自然肌理时可以利用物体自然的纹理进行雕琢处理；人工肌理是指由于设计需要，设计者人为地在物体表面进行处理纹理。

▶ 玛瑙、绿松石、水晶的天然肌理

▶ 在金属表面进行人工处理，以表现出叶脉肌理

▶ 使用羽毛混合其他材质的首饰

在设计首饰的时候，通常会采用两种或者两种以上不同材质、质感的原料来制作。对于不同肌理的搭配和碰撞，往往会有意想不到的效果出现，如玻璃和水晶，木头、金属和羽毛等。

三、首饰设计的原则及形式美法则

1. 首饰设计的原则

由于首饰是由设计与工艺相结合的产物，对于这样的特性，在首饰设计时需将造型、肌理、材料、功能、工艺、色调、消费群、市场等多种因素进行综合考量。

（1）首饰设计要普遍遵守的原则：其一，对工艺材料要有较好的认识，只有在了解各种宝石、金属材质及工艺后，才能在设计图纸后对成品有较强的预见性。其二，首饰设计要有主题和情感，没有主题和情感的设计是死的，好的设计者将他们的设计理念和情感赋予了首饰。其三，首饰设计要遵循审美规律。一件好的首饰作品是一定能够冲击人的视觉的，它的配色及造型也一定极具艺术性和观赏性。其四，夸张与实用

▶ 各种造型的首饰

要统一，随着时代的发展和人们审美的变化，越来越多造型夸张、奇异的首饰出现，但是对于实用首饰设计是需要佩戴的特点，因此所有的夸张都需建立在实用的基础上。

（2）高端珠宝的设计原则。高端珠宝由于其自身材料如钻石、各类宝石的价值已经很高，在设计高端珠宝时应采用简约而又经典的风格。原因有二：其一，用简单的配饰更好地衬托主石的光彩；其二，高端珠宝常常用来作为收藏或者投资，因此这样的设计就需要经得住时间的考验。若在高端珠宝上进行创新概念设计，要注意不要破坏珠宝本身，例如不能将钻石、珍珠等贵重宝石打孔。

▶ 简约、经典的造型

（3）流行首饰设计原则。将目前流行的材料、色彩、造型、图案、工艺的运用有机地组合成具有一定视觉冲击力的首饰。例如，以钥匙为主题的首饰风行市场时，各大品牌或者工作室都相继推出相关系列首饰。

▶ 流行首饰造型

2. 首饰设计的形式美法则

首饰设计亦属于造型艺术的范畴，同其他设计艺术门类一样遵循形式美法则的基本规律。形式美学原理很多，对于首饰设计领域的形式美法则有对称均衡、比例适当和多样统一。

（1）对称均衡是指以首饰的中间线为界，垂直或水平对称，这种对称给人稳定和庄重之感。

▶ 对称均衡的首饰

（2）比例适当是指整体与局部或局部与局部的结构比例关系。如主石与配石的数量及大小的比例、首饰整体结构的比例，如貔貅手串中貔貅和配石的大小要有不同等。比例失调的首饰给人造成心理上的不稳定，不能给人以美的感官体验。

▶ 比例适当的首饰

（3）多样统一是指由多种材质和工艺富有协调性、秩序性、艺术性地进行组合。这种法则在系列首饰、大件首饰及民族首饰的设计中是很常见的，如在具有民族特色的首饰设计中常会使用编织、刺绣、金属、玉石等多种材质。

▶ 不同材质的首饰

● **思考与练习**

（1）首饰设计的基本原则有哪些？

（2）思考色彩与情感之间的关系。

（3）形式美法则是什么？

第三节

民族首饰设计的演化

设计是一个思维创造活动，是对原始设计元素的挖掘、定义、分析、概括、变形、分割、重组的过程。总的来说，这个过程包括了原始设计元素的选择和设计的演化。

一、原始设计元素的选择

什么是原始设计元素？又该如何选择原始设计元素？其实只要设计者留心观察身边的事物，如人、动物、植物、生活用品、交通工具、建筑等，对某个事物产生了某种情愫，比如雄鹿的鹿角、猫咪的背影、埃菲尔铁塔、荷花、牡丹等，然后进行结构分析、考虑如何与工艺相结合，最后制出成品。

二、设计的演化

选择好了设计元素，除对其进行模仿外还可以进行改造，使其获得新的形态和情感：一种方法是采用变形、变异的方法改变元素的本来模样；另一种方法是对其进行分割重组，这样的组合方式有很多，例如对称、重复、突变、复制等。

▶ 设计元素：荷花

▶ 设计演化成品

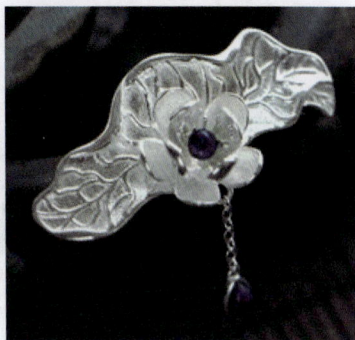

三、设计演化的注意事项

在采用设计演化的方式设计首饰时不能为了演化而演化，需依据首饰设计的需要来进行演化。演化的价值在于解读和改变已有元素的本来结构和艺术形态，使之变为新的形态，并且这些新形态是不突兀、不怪异且具备视觉美感和实用功能的。

● **思考与练习**

选择一件喜欢的首饰，并分析其设计元素。

第四节

图案在首饰设计中的应用

设计者通常会将东方精品艺术或者是外来潮流文化的借鉴运用到首饰设计中，从而有了极具中外民族艺术风格的首饰。

代表中国传统文化的图案有生肖图、瑞兽、梅兰竹菊、牡丹、祥云纹、中国结、青龙、白虎、朱雀、玄武、九色鹿、唐草纹、葫芦、蟠桃、蝙蝠等。将这些图案融入首饰设计中，通过不同的形式、材料、色彩、工艺等制作出或精致、或粗犷、或华美、或素雅的中式首饰。代表外国文化的图案有皇冠、城堡、精灵、天使、十字架、橄榄枝、富士山、非洲图腾、圣诞装饰、南瓜、卷草等。

▶ "蝠"通"福"，在中国传统吉祥纹样中，常用蝙蝠图案代表福气

▶ 自巴比伦等古老王国和民族的人物，会带来浓郁的异国气息

● **思考与练习**

分析广西少数民族首饰中传统图案的应用。

第五节

设计的材料及工具简介

用于首饰设计的材料和工具有很多，采用不同的材料和工具会出现不同的效果设计图。下面介绍首饰设计中常用的材料和工具。

一、设计的材料

1. 颜料

由于水彩颜料具有良好的透明度，画草图的时候，用水彩一层一层淡淡地在白纸上上色就可以达到很好的效果。若使用有色纸张上色，则需要使用不透明的颜料上色，如水粉颜料，水粉颜料有很强的覆盖力且色彩鲜明浑厚。

2. 铅笔

与其他艺术设计一样，由铅笔起稿，所使用的铅笔软硬度一般在 HB~2B。设计图大多按照 1∶1 尺寸来画。

3. 彩色铅笔

彩色铅笔最大的好处是上色速度快且容易出效果，适用于初学者。

4. 毛笔

毛笔的种类繁多。从型号上，有 0~12 号；从质地上，有羊毛、狼毫、鼠须、尼龙等；从笔头的形状上，有平头、斜边、圆头。设计者在画图时可以根据自己的喜好和经验选择合适的笔。

5. 针管笔

针管笔是用来绘制黑色线条的工具，其有 0.03、0.05、0.07、1.0 等不同规格的针管，可绘制出精确的线条。

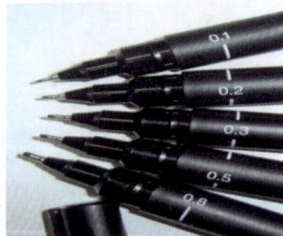

6. 马克笔

绘制图纸时马克笔也是常用的一种绘制笔。马克笔分为水性、油性、酒精三种，油性、酒精马克笔相对于水性马克笔的优势是颜色更加鲜明、可以多次叠加、干燥速度快、不易褪色等。

7. 硫酸纸

具有纸质纯净、强度高、透明好、不变形、耐晒、耐高温、抗老化等特点，广泛适用于手工描绘，在首饰设计绘图上常用于拷贝或者直接绘图。

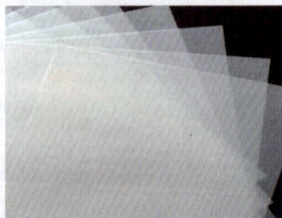

8. 卡纸

卡纸的颜色有多种，用于首饰设计的常用卡纸颜色有黑、白、灰，这三种颜色能够较好地衬托出各种首饰珠宝的亮丽光泽。卡纸的表面也有不同的纹理，设计者可以根据画面需要来选择更能突出画面主体的卡纸颜色和纹理。

9. 盛水器

盛水器是在使用水彩颜料、水粉颜料、水溶性彩铅时不可缺少的容器。

10. 调色板

选用可以装多种颜料的塑料制调色板。

二、设计的工具

1. 卷笔刀（小刀）

为了更好地表现设计稿中的细节，应随时削尖笔芯，保持铅笔良好的使用状态。

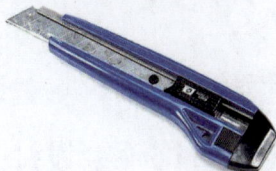

2. 橡皮

一种是类似橡皮泥的橡皮，方便塑性，处理画面上不明显的脏处，并且不容易伤纸；另一种质地较硬的橡皮，用于擦拭精细部位时，可以将橡皮削尖了使用。

3. 规板

在国内我们可以买到的规板样式有两种：一种是椭圆，一种是正圆。用规板的好处在于若使用圆规画圆会留下一个针眼而影响后期的效果，使用规板则不会。

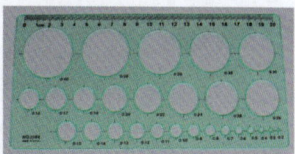

4. 三角板

可以使用常见的学生三角板，借助三角板完成在首饰设计绘图时需要的十字辅助线。

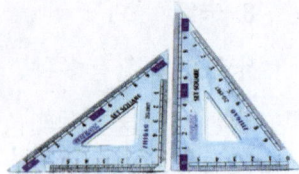

5. 曲线板

虽然说可以手绘曲线，但是对于弧线较长、弧度较多的曲线就可以用曲线板完成。

6. 游标卡尺

游标卡尺是一种测量长度、内外径、深度的量具。游标卡尺由主尺和附在主尺上能滑动的游标两部分构成。游标尺寸能精确到 1/10mm。 由于首饰设计图稿和最终的成品的比例是 1：1，因此需要用游标尺量取宝石的实际尺寸。

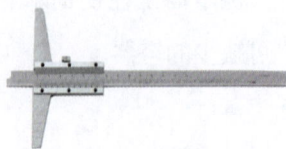

● **思考与练习**

还有哪些绘画工具可以运用到手绘中？

第六节

民族首饰手绘设计

一、常见首饰款式的画法

首饰款式设计样式层出不穷，下面列出几种常见首饰款式的画法。

1. 中国古典风格款式

中国古典风格款式首饰深受各个阶层及各年龄段女性的喜爱，古典风格可以设计成质朴风格、奢华风格等。

中国古典风格款式首饰可以依据中国传统物件或纹样来制作设计：

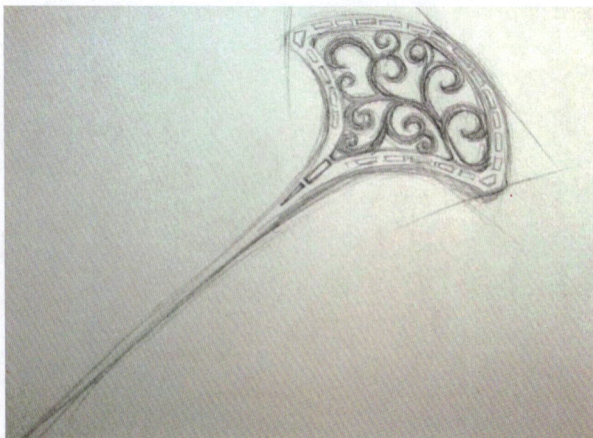

► 以中国传统折扇为基本外形，以唐卷草为纹样的发簪设计

　　中华文化博大精深，我们民族深厚的文化底蕴孕育出了丰富多彩的中国古典文化，悠久、绵长而富有内涵。下面介绍一些中国古典元素，可在设计中运用。

　　古代宫廷建筑、室内家居装饰：多以繁复的花纹为主、精美的动物纹样为辅，如龙凤纹样作为装饰，恢宏而高贵。

　　祥云：一朵流连婉转、旖旎飘逸的祥云，跨越了上下五千年的华夏历史，飘向世界五大洲，表示祥和、福康之意。

　　中国结：独特、精妙的绳结，盘出中国的古典韵味，尤以红色最为表意。

　　中国瓷器：彩陶、青花瓷。

　　宗教元素：儒家、道家、法家、佛教、棋盘、茶道、脸谱等。

► 民间传统纹样

▶ 祥云纹样

▶ 以中国结为原型设计的发簪

▶ 以祥云为原型设计的项链

▶ 以龙凤为原型设计的婚嫁耳饰

▶ 以大明咒字符为原型设计的手链

2. 东南亚风格款式

我们所说的东南亚风格通常是指波西米亚风格，波西米亚风格指一种保留着某种游牧民族特色的服装风格，其特点是鲜艳的手工装饰和粗犷厚重的面料。层叠蕾丝、蜡染印花、皮质流苏、手工细绳结、刺绣和珠串，都是波西米亚风格的经典元素。波西米亚风格代表着一种前所未有的浪漫化、民俗化、自由化。也代表一种艺术家气质，一种时尚潮流，一种反传统的生活模式。波西米亚服装提倡自由、放荡不羁和叛逆精神，浓烈的色彩让波西米亚风格的服装给人强烈的视觉冲击力。

波西米亚风格首饰通常是繁复且多彩的，由发黑的银饰、五颜六色的石头、宝石、水钻等进行混搭。

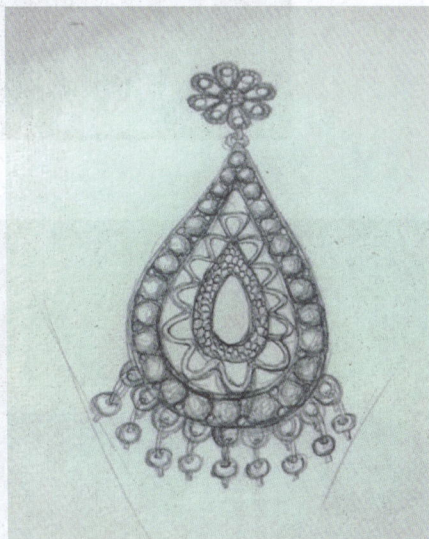

▶ 波西米亚风格首饰

3. 欧洲宫廷风格款式

欧洲宫廷风格款式与波西米亚风格是完全相反的，欧洲宫廷风格首饰显得高贵典雅，常见的主题有天使、皇冠、精灵等。

▶ 欧洲宫廷风格首饰

4. 日韩可爱清新风格款式

日韩可爱风格这类款式在学生中较为流行。常见取材为卡通动物形象、卡通物件等。

▶ 软陶耳钉

▶ 以皇冠为主题的首饰

▶ 以鲸为原型的项链

▶ 以珍珠为主题的首饰

▶ 长颈鹿吊坠

二、各种金属的画法

在首饰设计制作中，常会使用各种金属材质用于镶嵌或者装饰。金属的材质高低不等，贵金属有铂金、黄金；相比贵金属稍微次一些的金属有银、K 金、银镀金；普通金属就有很多如铜、钢等。对于金属在首饰设计中的主流色是金色和银色。以这两种颜色介绍金属的画法。

不论是金色还是银色的金属，在描绘时把握好以下几个重点，就能表现出金属的质感：

▶ 金色金属手绘效果　　　　　　　　▶ 银色金属手绘效果

（1）金属有很强的反射光，不论是磨砂面还是光面，反射光都比其他材料强。因此绘画金属要有很强的黑白对比。

（2）金属的转折面强，对于边角的处理是重点，需要细致。

（3）要有一定的厚度才能表现出金属的质感，即便成品的金属很薄，在绘制设计图时也要控制好最低的厚度。

（4）为了更好地绘制金属的质感，可以选择使用黑色或者灰色的卡纸。

（5）需要根据金属各面不同的明暗来上色。

步骤一，在暗部上深灰色。

步骤二，将暗部根据阴影关系用毛笔晕染开。

步骤三，在亮部上白色。

步骤四，根据明暗关系用毛笔晕染，并用白色提高光部分。

● **思考与练习**

临摹女子手镯手绘稿一张，要求以苗族银饰为主题；设计稿尺寸为 A4；材料手法不限。

第七节
广西常见的首饰设计

一、戒指的设计

戒指的佩戴率和数量高于其他首饰，即便只是戴在手指上的小首饰，也是"小东西，大学问"。戒指一般由戒面、戒肩、戒腰、围顶、指圈和戒圈六部分组成：

戒面——戒指的主要装饰面。

戒肩——戒面与戒圈之间连接的部分。

戒腰——该部分经常添加花纹作为装饰。

围顶——戒腰下部分，隐藏在内，与手指背接触的部分。

指圈——戒指内部周长。

戒圈——戒指外部周长。

戒指的设计一般分为两大类：

（1）金属戒指是指没有镶嵌任何宝石的金属戒指，分为素圈戒指和花式戒指。

▶ 素圈戒指　　　　　　　　　　　　　▶ 花式戒指

（2）镶嵌戒指是指镶嵌有宝石、钻石、琥珀等各种材质的戒指。以宝石戒指为例，宝石镶嵌又分为单头宝石和群镶宝石，其中单头宝石戒指为只镶嵌一颗宝石的戒指；群镶戒指则由多颗宝石镶嵌，由大小均匀的小宝石镶嵌而成，也有大小不一的，用配石衬托主石。

▶ 单头蜜蜡戒指　　　　▶ 群镶钻石戒指　　　　▶ 配石衬托主石

戒指手绘步骤：

第一步：按照 45°的倾斜角，选用 45°模板，画出基本椭圆，宽度可以根据男女戒的不同而定，然后在椭圆的后面画出一个稍小并平行的椭圆。

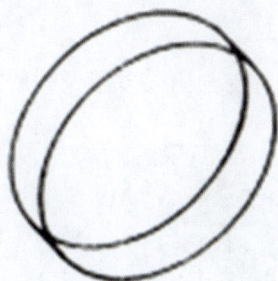

第二步：在两个椭圆的外侧画出较大的椭圆，以表示金属的厚度。

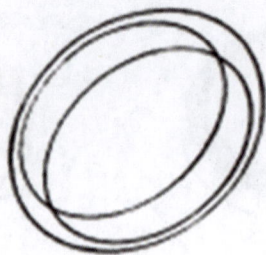

第三步：如果只是简单的戒圈，现在就可以上色完成，若是绘制宝石镶嵌就需要在戒圈的中心线上绘制主石，需要注意透视要与戒圈一致。

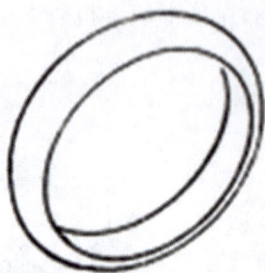

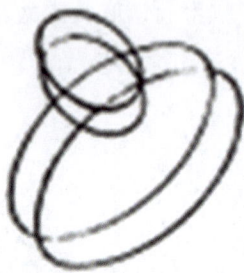

第四步：完成图稿，擦去辅助线，改用针笔勾线并画出阴影。戒指是装饰手指的物体，在设计时应测量好手指的尺寸，设计合适的戒圈。

根据戒指的基本绘画步骤，可以画出很多漂亮的戒指：

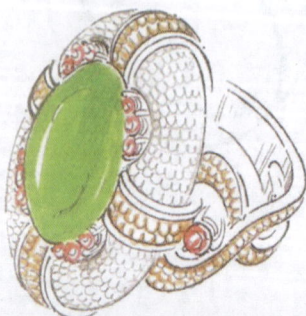

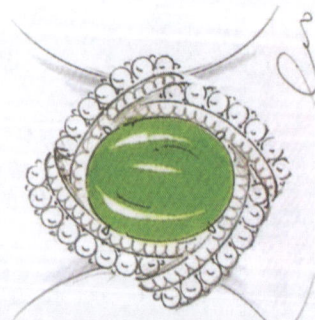

▶ 拉格菲尔珠宝手绘效果（1）

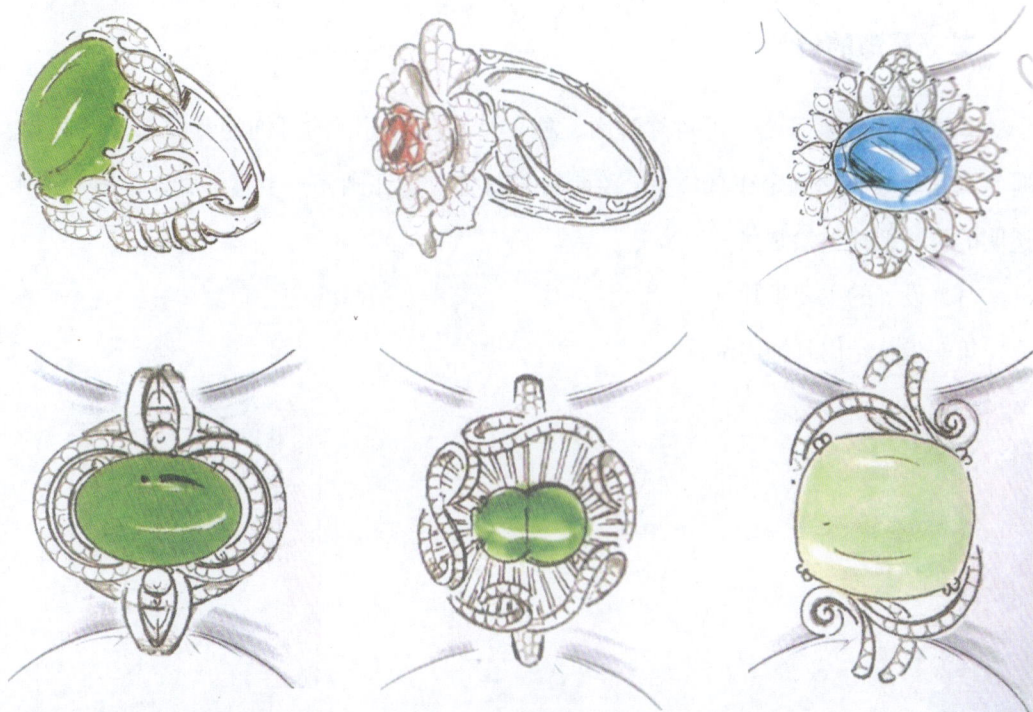

▶ 拉格菲尔珠宝手绘效果（2）

国内戒圈尺寸一般执行香港的戒指尺寸标准，具体尺寸见下表。

戒指尺寸对照表

单位：mm

号　码	内圈长	内直径	号　码	内圈长	内直径
4	44	14.0	19	59	18.75
5	45	14.3	20	60	19.05
6	46	14.6	21	61	19.30
7	47	14.9	22	62	19.70
8	48	15.25	23	63	20.00
9	49	15.55	24	64	20.30
10	50	15.85	25	65	20.65
11	51	16.45	26	66	21.00
12	52	16.50	27	67	21.30
13	53	16.80	28	68	21.70
14	54	17.20	29	69	22.10
15	55	17.50	30	70	22.40
16	56	17.75	31	71	22.80
17	57	18.15	32	72	2.10
18	58	18.40	33	73	23.40

二、耳饰的设计

耳饰分为对称耳饰、不对称耳饰、独立耳饰。但所有的耳饰的背面都是以耳扣、耳钉或是耳夹将之固定在耳朵上。绘制对称耳饰时，在画完一半耳饰后，可以利用半透明的硫酸纸拷贝绘制另一半。

耳饰设计的主要步骤：

第一步：定出耳饰的位置。

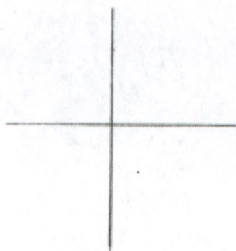

第二步：画出耳饰的基本外形。

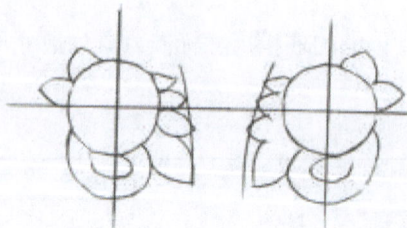

第三步：勾勒出主体装饰物的形状和大小。

第四步：绘制耳饰侧面图及耳扣形状。

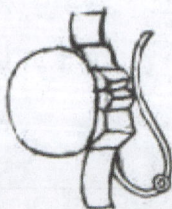

第五步：完稿。

三、项链的设计

1. 吊坠的设计

根据吊坠的结构特点，绘制吊坠时除了吊坠主体，还需考虑坠与扣的连接设计。一般吊坠连接扣可分为三种：瓜子扣吊坠、隐秘扣式吊坠和多层吊坠。手绘图来自甲山镶嵌珠宝。

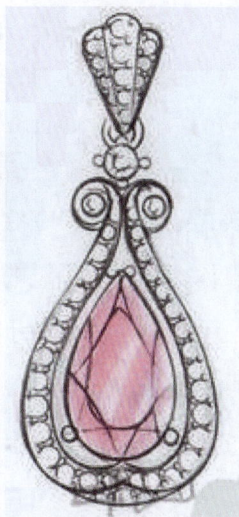

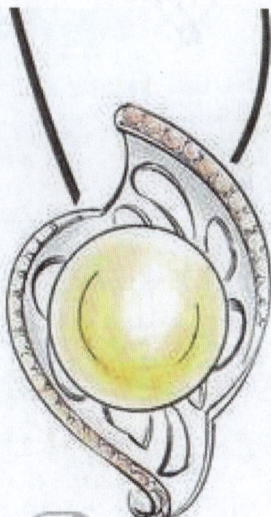

▶ 瓜子扣吊坠　　　　▶ 隐秘扣式吊坠　　　　▶ 多层吊坠

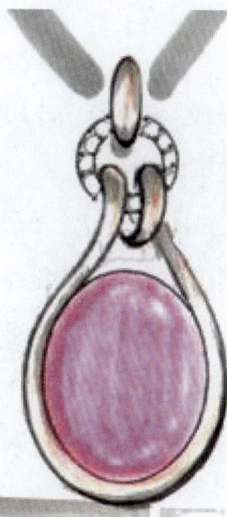

绘制吊坠的步骤大致如下，并可根据需要设计绘制连接扣：

第一步：画出主石。

第二步：勾勒主体装饰物的形状和大小。

第三步：确定配石镶嵌位置，画出配石和镶嵌方式。

擦去多余线条，改用针笔勾线并画出阴影。

2. 链结的设计

项链的设计包含吊坠设计和链结设计。项链的结构是一种软式链结，一般在绘画时先画出一个单元的链结，确定链结之间的连接方式，再画出整体的链形。手链的绘画方法同项链，但是需要注意的是，当链结戴到人体的颈部以及手腕部位时，由于人体本身的转折，链结也会随之产生透视的变化，这一点在画面上要表现出来。

第一步：先画出链条中的一个单元，并设计好链结之间连结的方式。

第二步：使用拷贝纸指出连贯的链结，绘画时注意链结之间要大小一致。

第三步：当链条处于随意摆放状态时，注意由于方向的扭转，链结之间透视关系会有所差别。

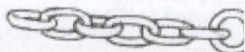

链条有很多种形式，学会了以上方法，就能掌握其他链条的绘画。

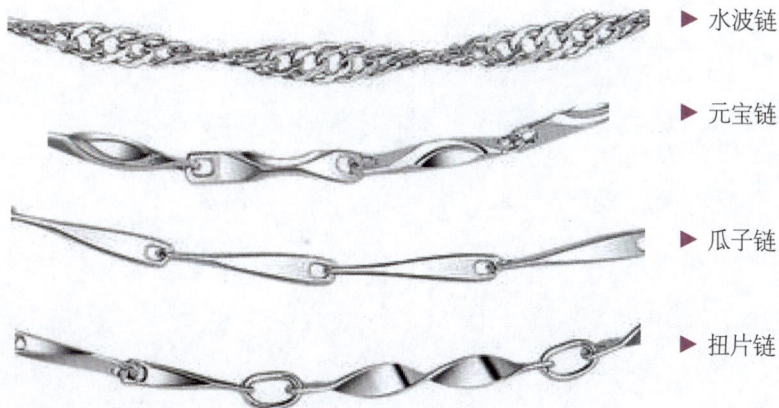

▶ 水波链

▶ 元宝链

▶ 瓜子链

▶ 扭片链

四、胸饰的设计

胸针的背面一般都有一个将胸针固定于衣服上的别针或者夹子。因此在设计胸针的时候需要考虑到胸针的重心，否则在佩戴的时候很容易倾斜。胸针的设计步骤如下：

第一步：以十字线找到胸针的重心。

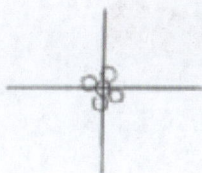

第二步：围绕着重心点绘制出胸针的外形轮廓。

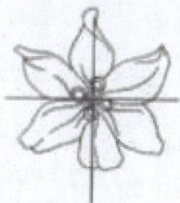

第三步：仔细描绘出花瓣的具体形态。

第四步：绘制别针及胸针侧面造型。

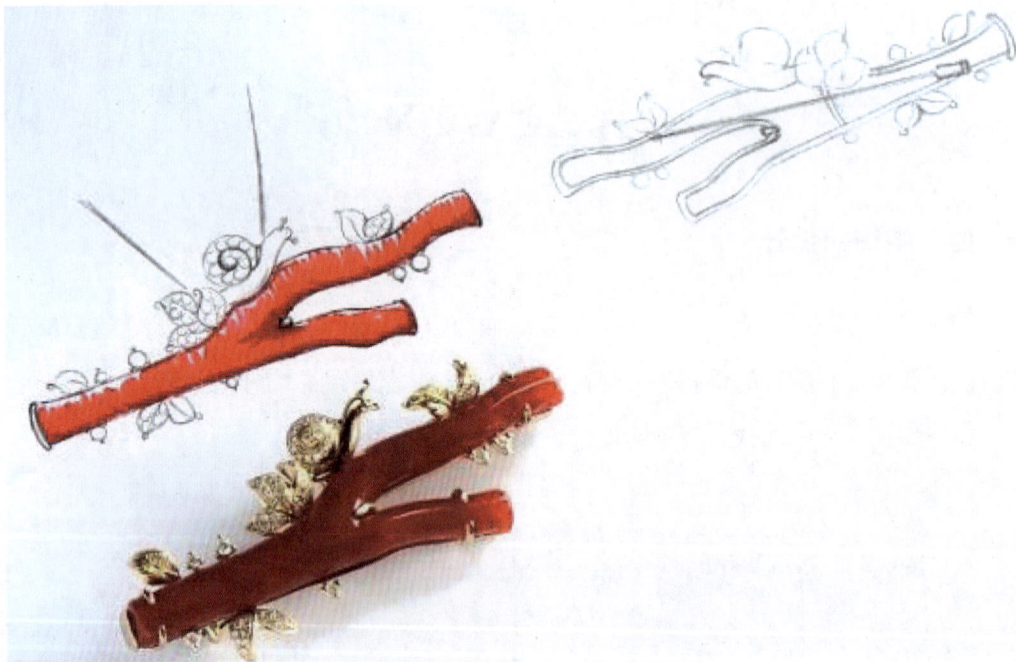

▶ 布衣翡翠出品珊瑚胸针

五、套件设计

一般来说，由两件或者两件以上组合的首饰为套件。套件首饰要求首饰之间要有相同点或者是相似处，可以是同一个主题元素、统一的主石、同一个色彩或者色系以及相同的镶嵌工艺等。

在设计首饰套件时，需要始终紧扣主题，协调各件首饰间的联系从而达到统一的视觉效果，反复推敲，尽善尽美。

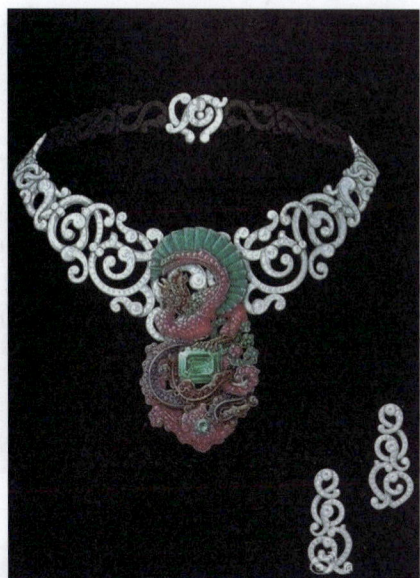

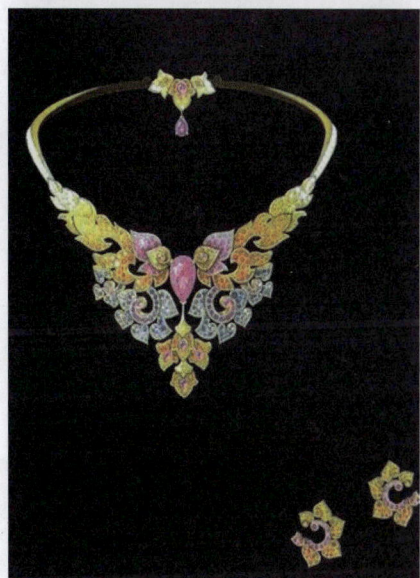

▶ 钻金森珠宝套件手绘图

六、民族首饰赏析

▶ 纯银双面铜鼓吊坠

▶ 纯银铜鼓戒

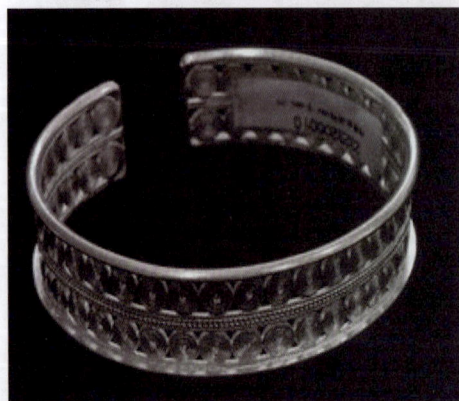

▶ 纯银串花镯

▶ 以绣球为元素的吊坠

▶ 结合织锦制作的吊坠

● **思考与练习**

(1) 收集广西民族首饰图片资料。

(2) 设计民族首饰一套,民族风格、绘制材料不限,图稿尺寸 A4 大小。

第八节

计算机辅助设计

一、Jewel CAD 软件简介及相关案例

Jewel CAD 软件是香港珠宝电脑科技有限公司于 1990 年开发出来的,经过 20 多年的发展,Jewel CAD 软件已发展为功能强大、性能稳定,高度专业化、高效率且简单易学的珠宝首饰设计专业软件。不论在中国香港还是在欧美及亚洲,Jewel CAD 都被主要珠宝首饰生产中心或是珠宝首饰设计师广泛采用。

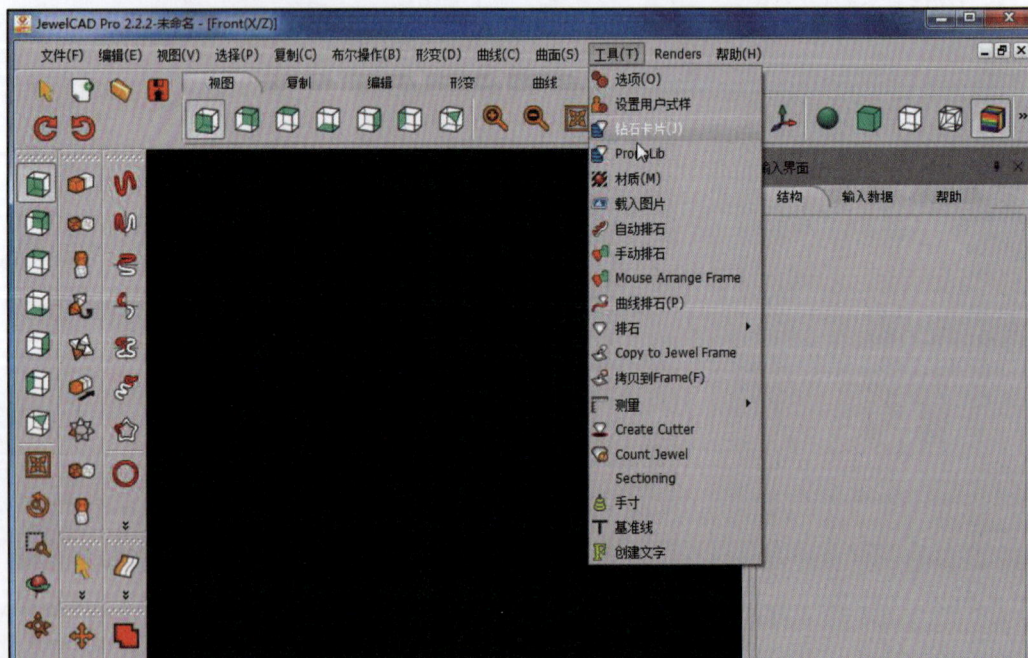

▶ Jewel 软件界面

1. Jewel CAD 软件的特点

（1）简单易学：Jewel CAD 拥有非常简单的图解用户界面和直觉功能，初学者在短时间内就能快速学习并操作。

（2）强大的功能：Jewel CAD 拥有灵活和高级的建模功能应用与复杂的设计，允许三维视图处理模型，在 CNC 加工中输出标准的 GM 编码和 STL 数据，输出标准的无缝合线的 STL 和 SLC 数据能快速地做成模型。

（3）最具成本效益：能在短时间内将珠宝设计、制作计算机化，将设计成品转化成直接的模型，速度快，见效快，并且能够在设计中计算金重。

近几年，首饰加工行业越来越重视高新技术的引进，例如激光焊接、激光打标、数控加工、快速成型等技术，这些高新技术的引进使得首饰加工不再是一个单纯的手工劳动行业。其中快速成型技术是目前发展较为迅速的新技术，快速成型技术可以实现首饰起板机械化，加工出来的首饰精确度高、成本低，更加节省时间。

快速成型机体积小、雕刻速度快并且兼容常见的首饰设计软件导出的 IGES、DXF 和 STL 等，设计制作者可以根据使用 Jewel CAD 软件中制作的首饰三维图，利用快速成型机加工出首饰的原版（蜡模、树脂模），将蜡模或者树脂模浇铸成一个银版或者直接浇铸成一件金货，如果是树脂版，也可以直接拿去压模。浇铸成银版的，可以对银版进行纸版处理；浇铸成金货的，可对金货进行执模、镶嵌等处理，最终得到一件成品首饰。

2. Jewel CAD 设计首饰案例

本书中的设计案例主要提供的是基本思路与方法，初学者可以通过专门介绍 Jewel CAD 软件的书籍进行深度学习。

步骤一，制作戒圈。

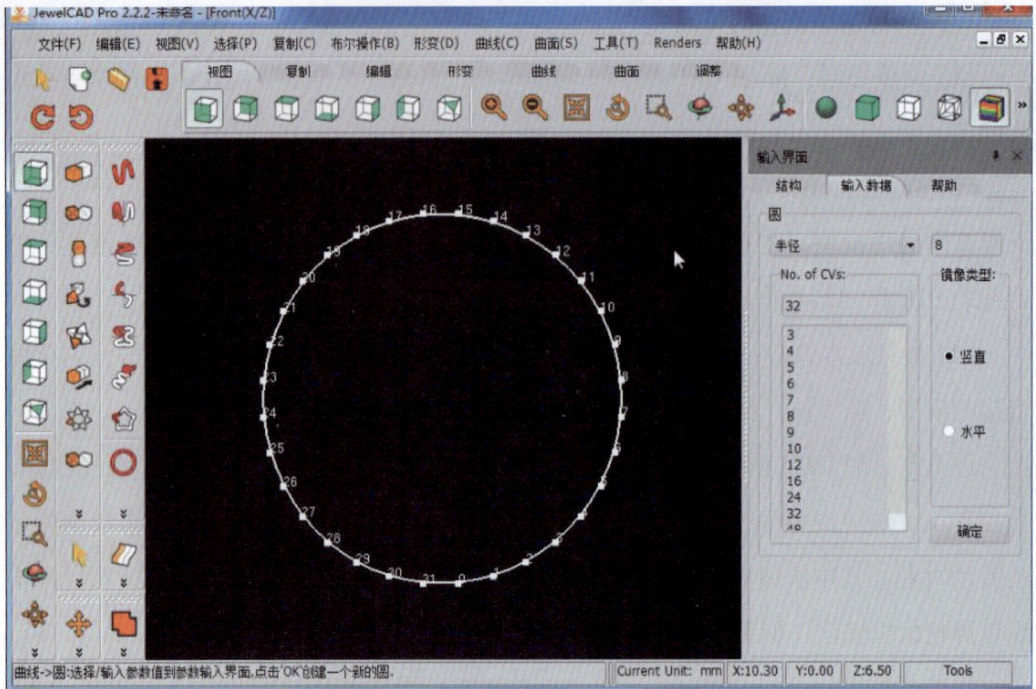

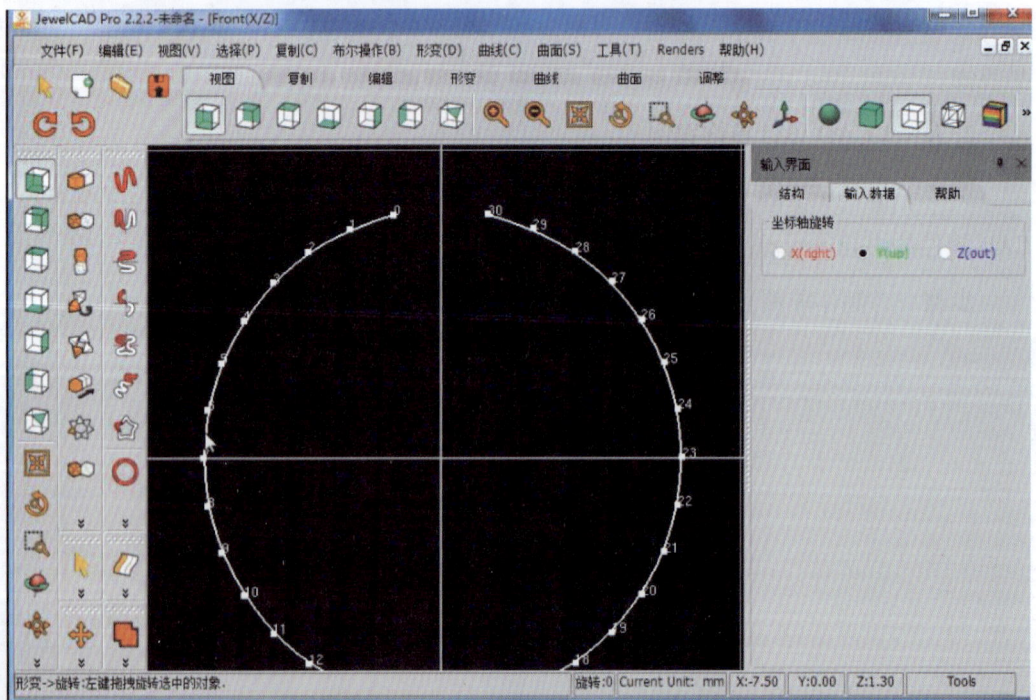

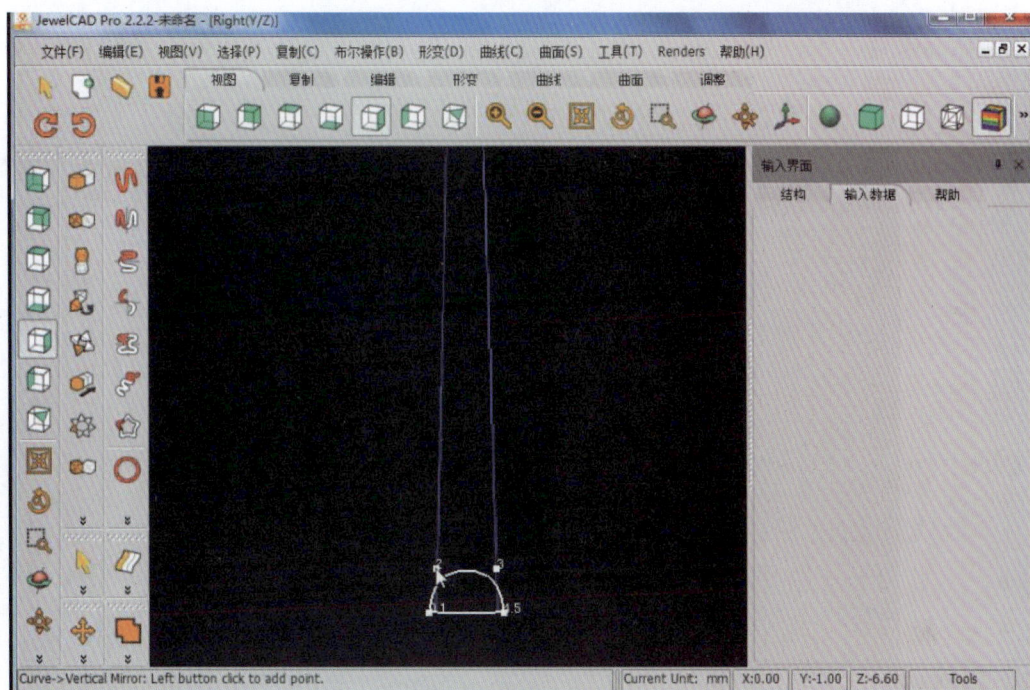

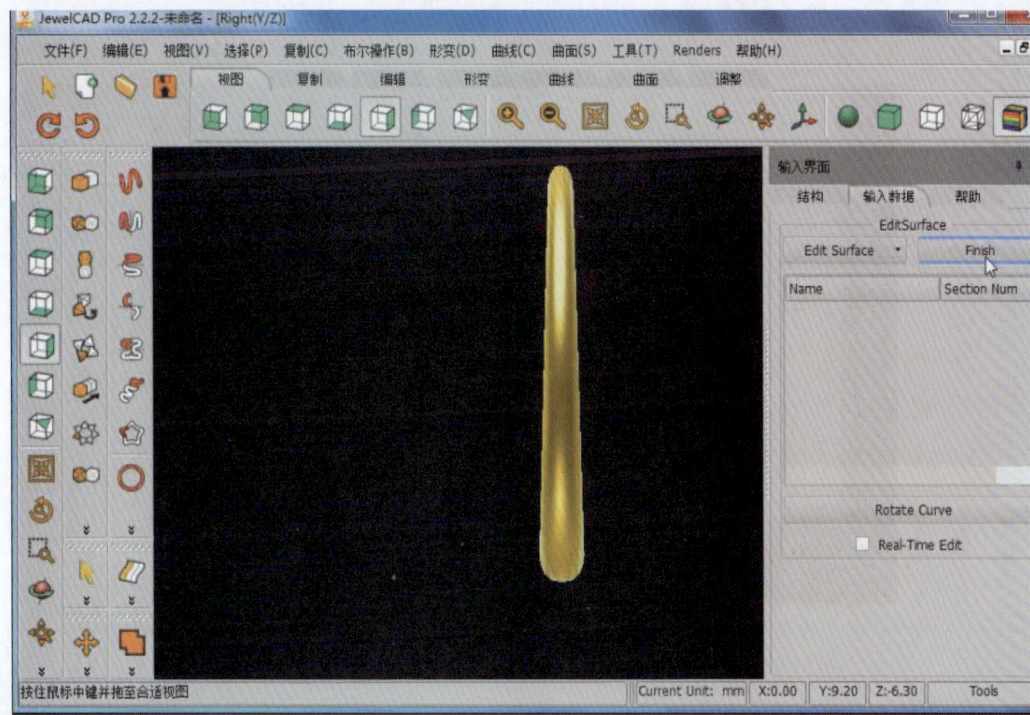

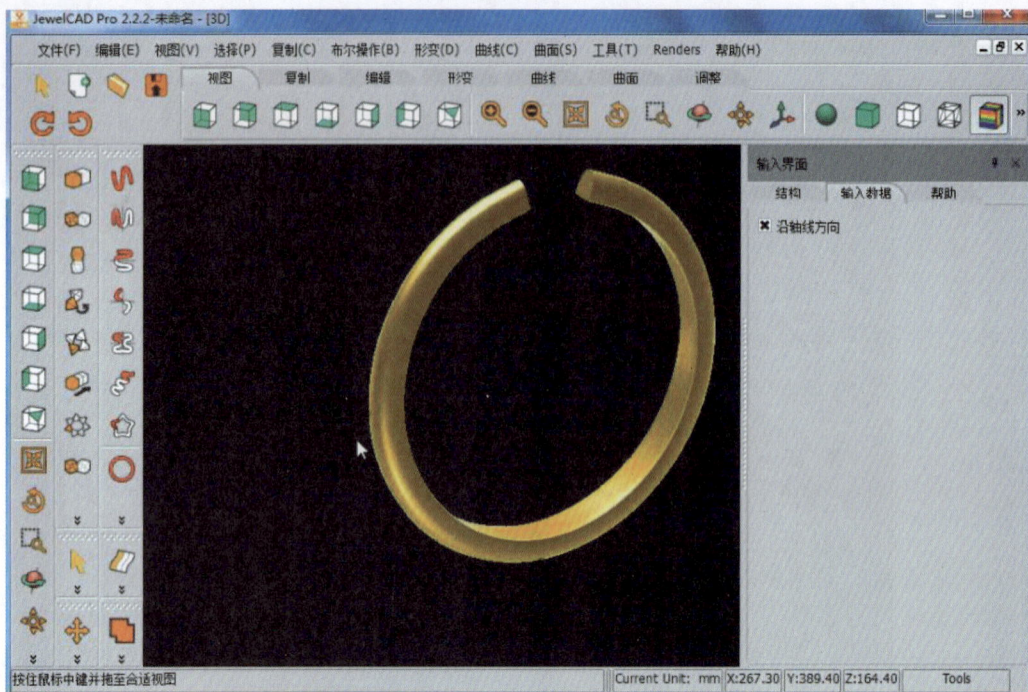

步骤二，从素材库选择钻石图例。

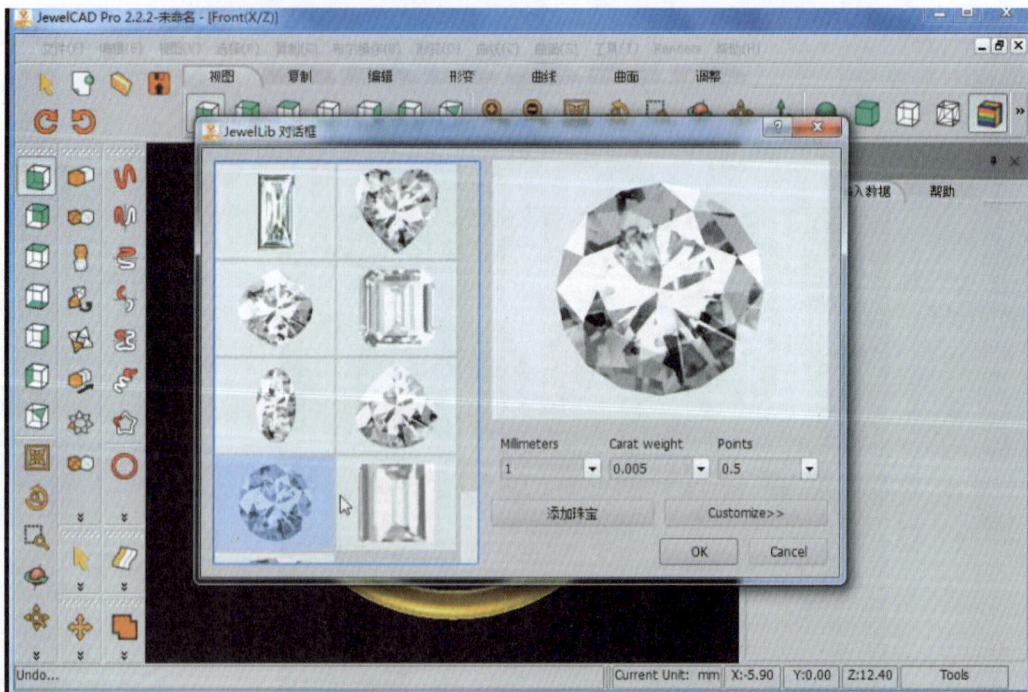

步骤三，制作戒托。

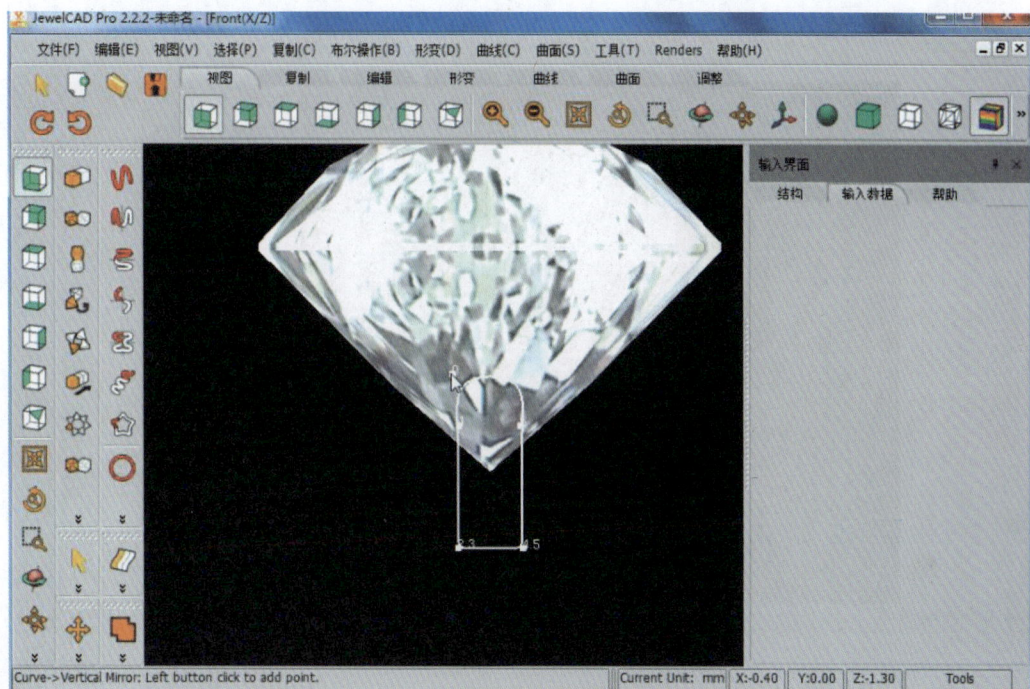

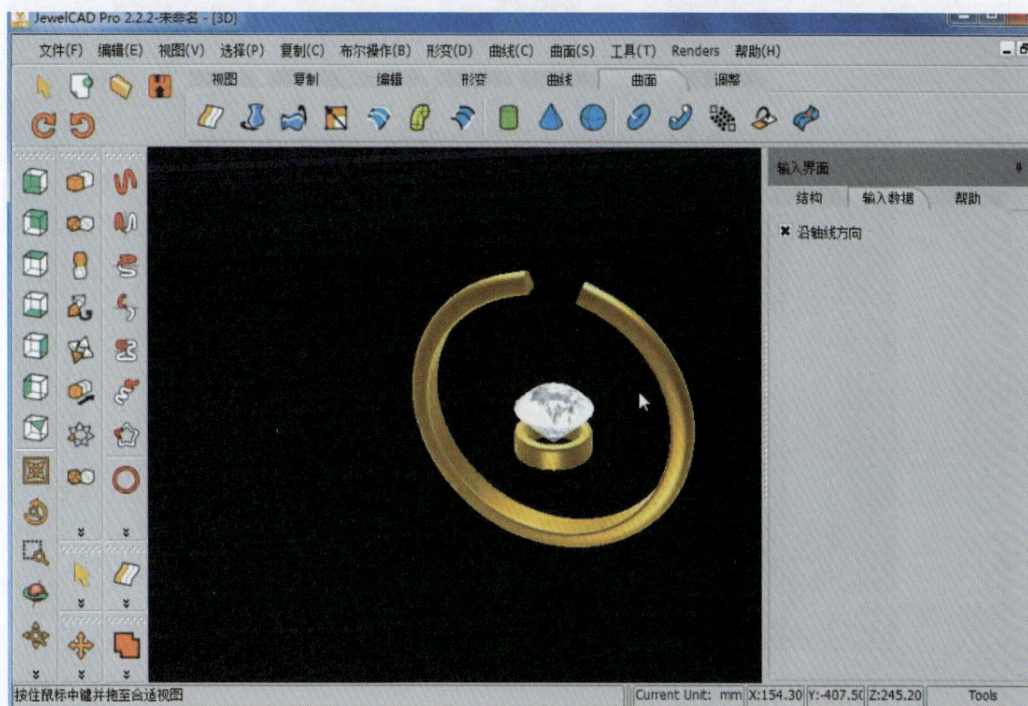

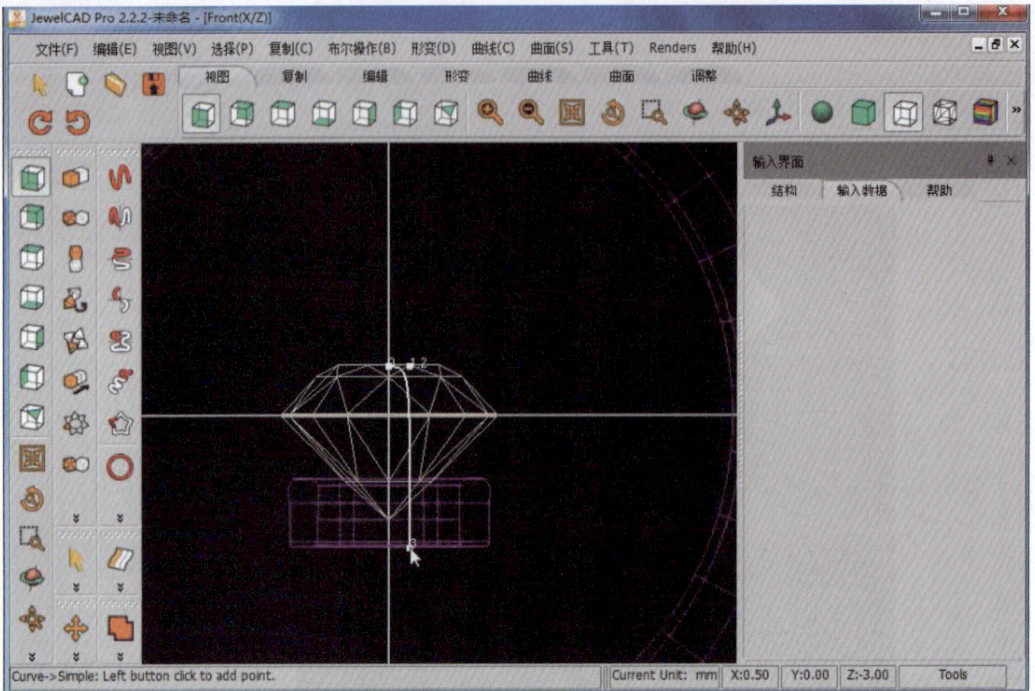

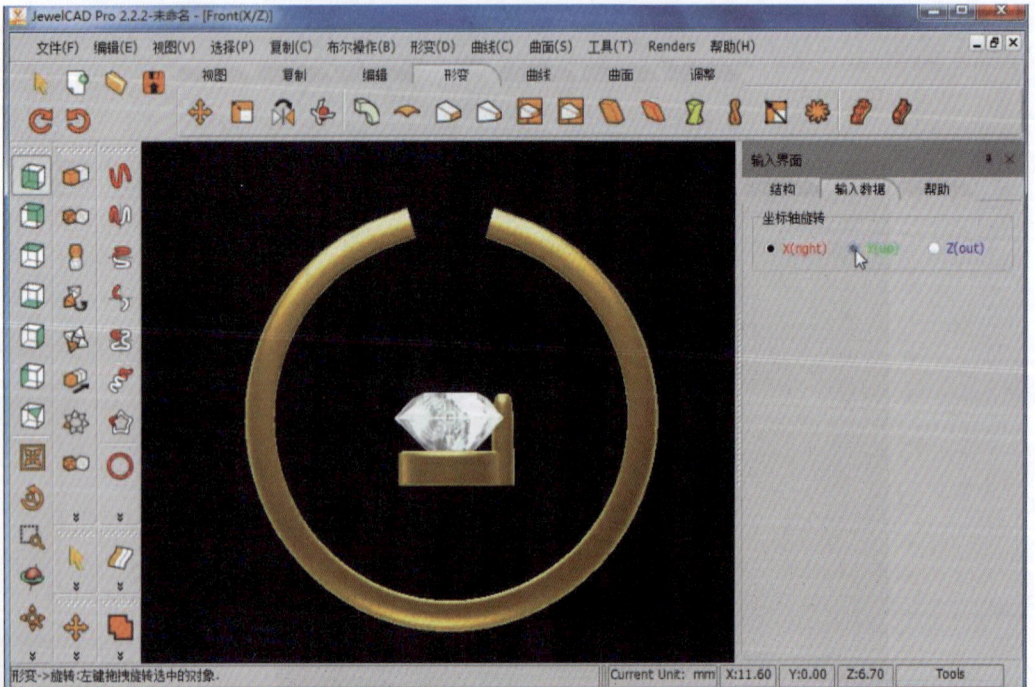

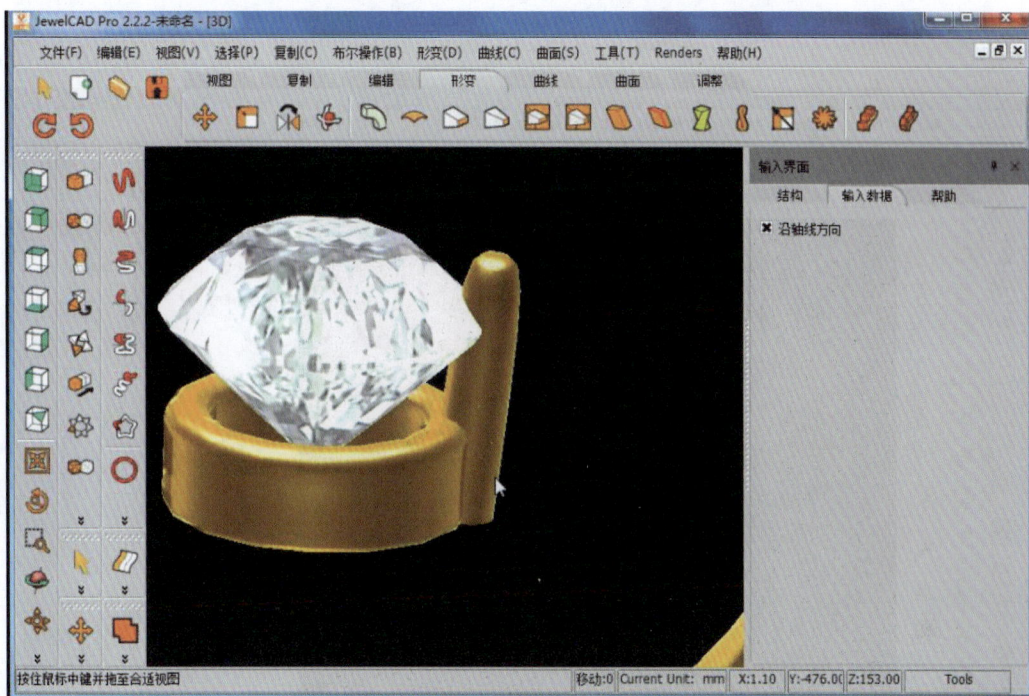

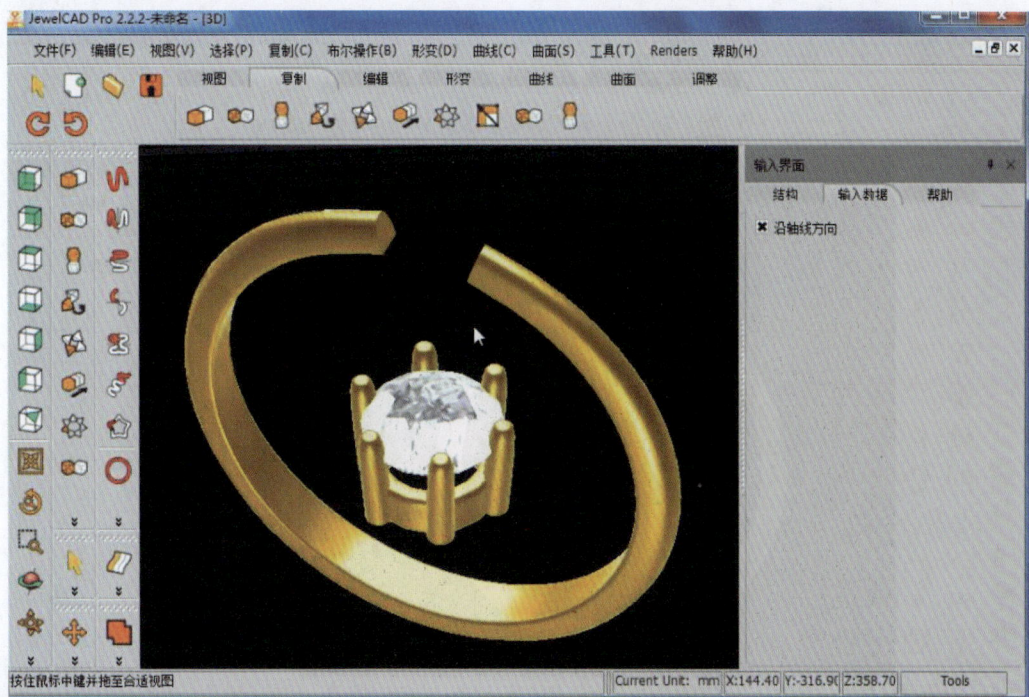

步骤四，组合。

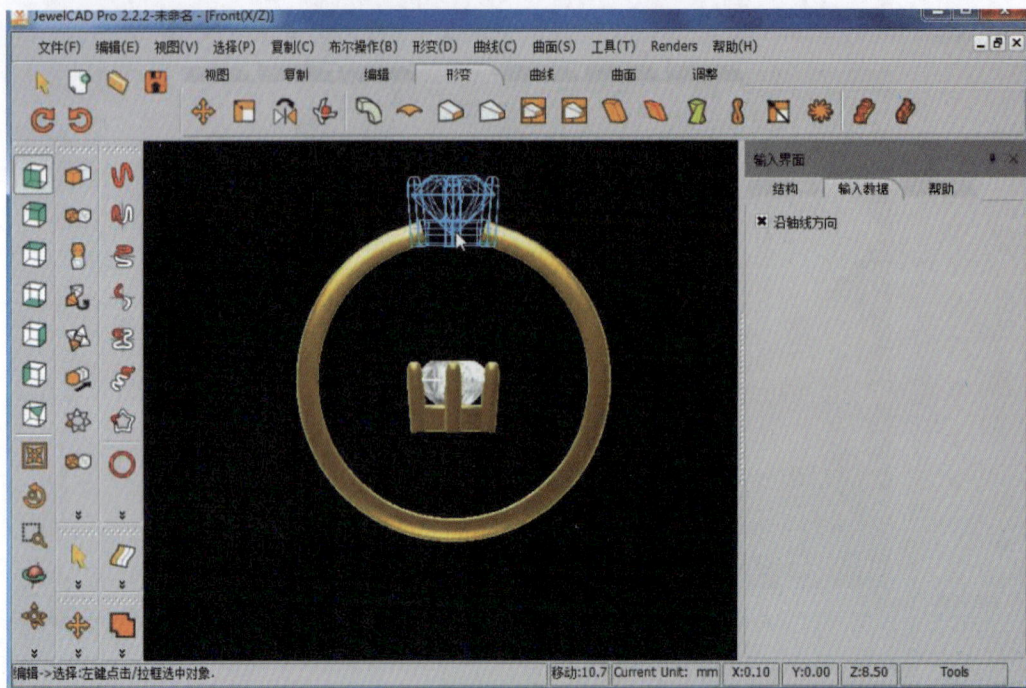

步骤五，完成。

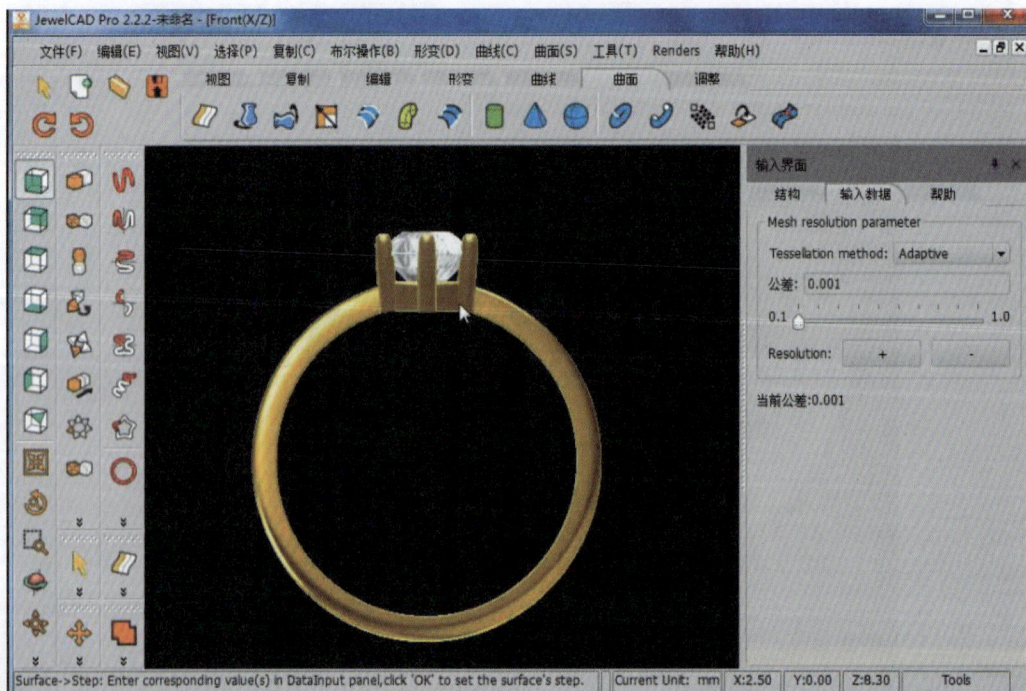

3. Jewel CAD 首饰设计效果图赏析

（1）耳饰。

（2）戒指。

（3）项链、手链。

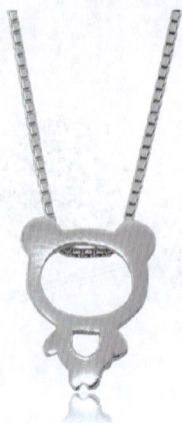

（4）胸针。

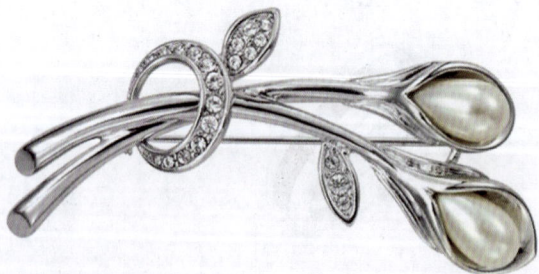

二、Maya 软件简介及相关案例

　　Maya 是著名三维建模和动画软件，在国外绝大多数的视觉设计领域都在使用 Maya 软件，即使在国内该软件也是越来越普及。由于 Maya 软件功能更为强大，体系更为完善，其 CG 功能十分全面，有建模、粒子系统、毛发生成、金属仿真等。除了三维动画可以使用 Maya 作为主要创作工具外，首饰设计师同样使用 Maya 作为设计软件。

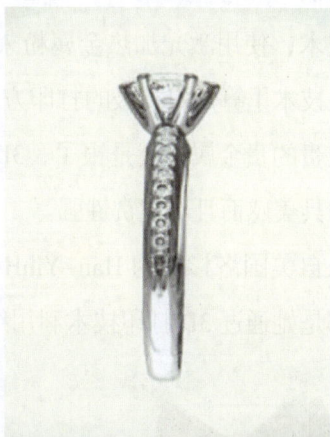

▶ 使用 Maya 软件制作钻戒

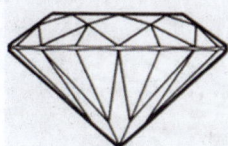

冠部
腰围
底部

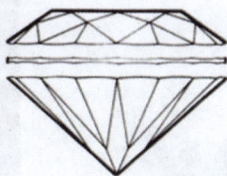

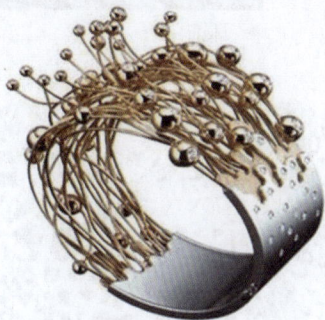

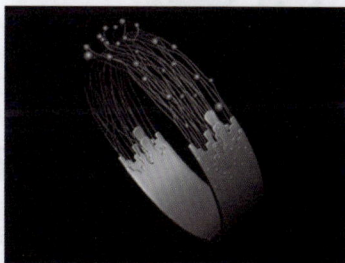

▶ 使用 Maya 软件制作戒指效果图

三、3D 打印技术在现代首饰设计中的应用

在工业产品技术里，3D 打印技术一直很火爆。3D 打印技术能在多种产品产业化上与之结合，很多珠宝首饰公司、私人作坊等都推出了 3D 打印首饰。

使用 3D 打印机器制作首饰的方式有两种：一种是机器打印出首饰蜡模后，再经过工人的洗蜡、浇铸、打磨抛光等工序，最终形成成品，3D 打印技术则有效地解决了传统首饰模具加工工艺复杂、制造周期长等问题。另一种是激光烧结，这种技术不同于别的技术，使用激光加热金属粉末在其还未达到熔点时就形成固体的工艺，这种方法在这些技术里算是更高级的打印方法。不过目前世界上 3D 打印贵金属的材料还为数尚少，最贵的贵金属也就是银了，3D 打印珠宝首饰中，用银作为打印材料，打印出来的东西颇具美感而且可观赏性强。

来自美国洛杉矶的 Han-YinHsu 是 ANNXANNXDESIGN 的创始人，下面三款首饰展品都是她通过 3D 打印技术利用纯银、黄铜和镀金铜等材质打印而成。

▶ 戒指

▶ 项链

▶ 耳饰

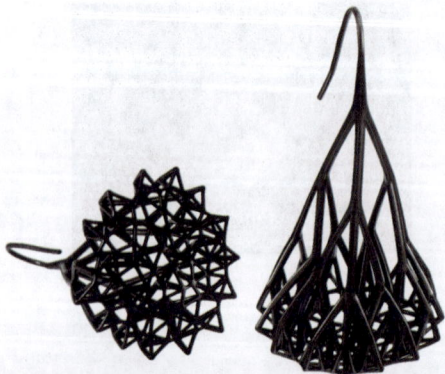

▶ Jewel District 公司制作的 3D 首饰

▶ 美国 Shapeways 公司 3D 打印出的概念珠宝首饰

▶ 3D 打印出的概念珠宝首饰

▶ 美国 Shapeways 公司 3D 打印的首饰

▶ 更多创意的 3D 打印首饰（1）

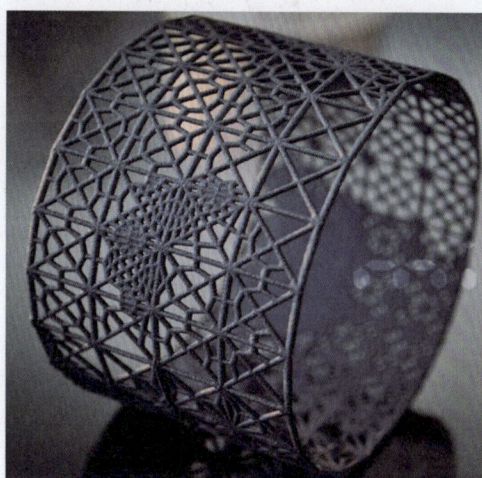

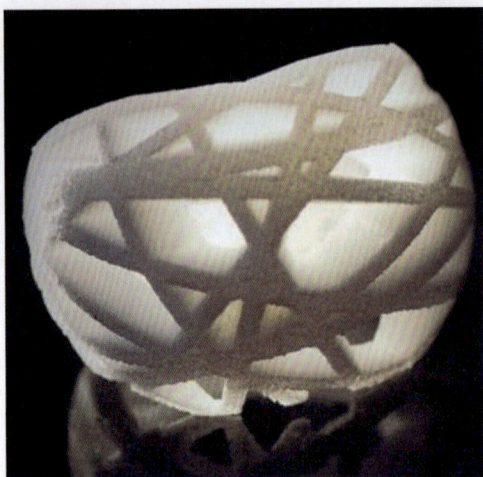

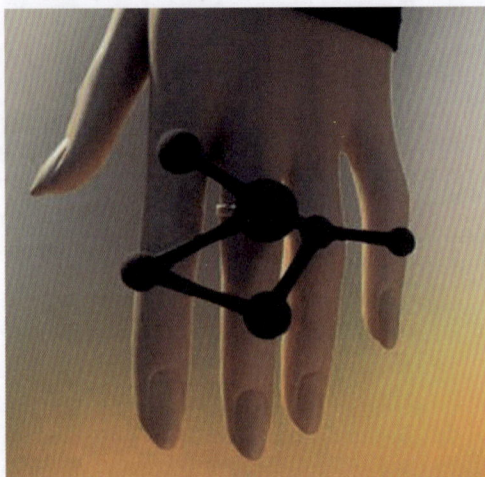

▶ 更多创意 3D 打印首饰（2）

● 思考与练习

（1）了解 2~3 款首饰设计软件。

（2）使用 Jewel CAD 设计一对耳钉。

第三章

首饰制作材料及工具简介

一、学习目标

通过本章的学习，掌握首饰制作的基本方法。

二、本章重点

（1）首饰蜡模的制作。

（2）金属材料的焊接。

三、本章难点

雕刻蜡模考验制作者的手艺，需要耐心细致。

民族首饰制作工艺简介

一、首饰制作工艺的概念

从首饰设计图稿到制成首饰产品，需要进行加工制作才能形成具有功能性的首饰，包括手工加工工艺、机器加工工艺、贵金属首饰的表面处理工艺等，在从设计图纸到成品的制作过程其实是一个质的飞跃，实现这个飞跃必须要有相应的制作工艺，由于首饰制作需要制作者对设计图纸的精确理解和精心制作，所以又可以说首饰制作的过程也是对其再创造的过程。

二、首饰制作工艺的基本方法

就目前首饰加工业的技术而言，首饰的制作工艺有以下几种方法：

1. 手工制造法

手工制造法是传统的首饰制作中最基本的方法，也是其他制作方法如铸造法、锻压法的基础。技艺精通的手工艺人是工作室、加工坊、企业中产品开发的主要力量。一般贵金属首饰的手工加工步骤是裁切、敲击、镌刻、锉形、修整、抛光、电镀、镶嵌。要实现好的工艺，一个使用顺手的工作台是必不可少的。

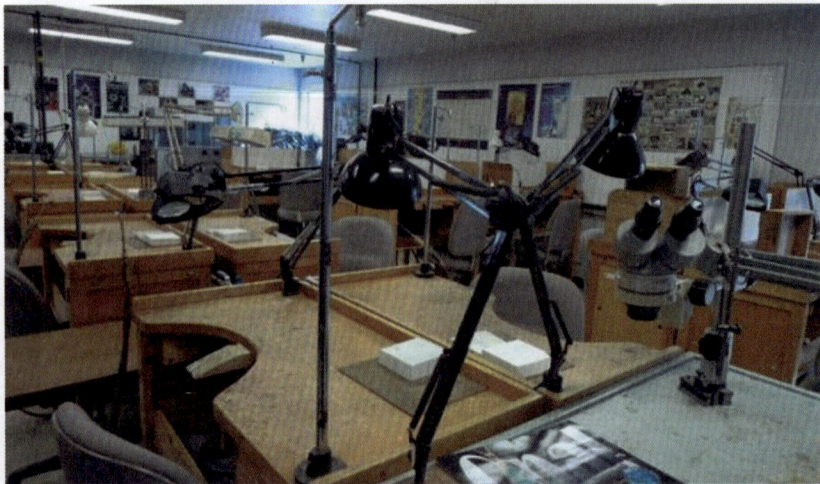

▶ 工作台

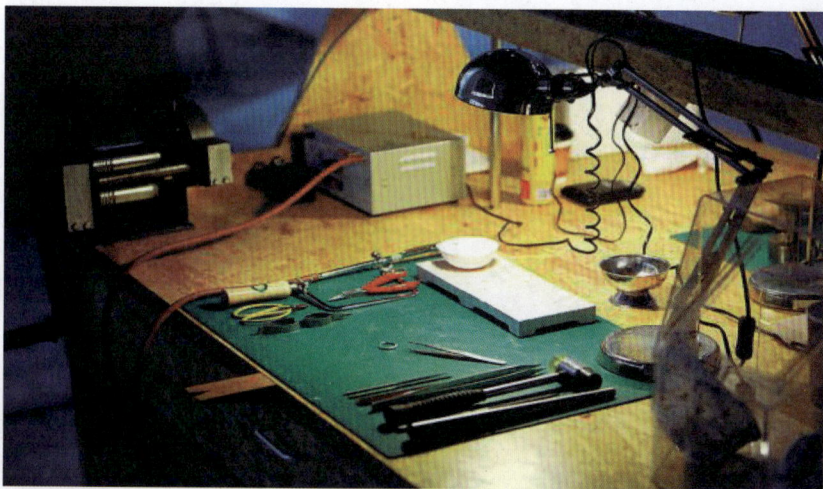

▶ 传统手工银饰的工作台——逸之首饰工作室

2. 蜡模雕刻工艺

近几年，蜡模雕刻技术开始在生产中广泛运用。而使用的材料是一种经过特殊加工的蜡，按照不同颜色、软硬分为：绿色蜡模、紫色蜡模和蓝色蜡模。绿色蜡模硬度最高，适合雕刻比较精细的首饰；紫色硬度适中，适合雕刻结构相对复杂的造型；蓝色硬度最低，适宜雕刻结构较简单的造型。蜡模的基本工艺是将手绘好的设计稿贴在所要雕刻的蜡模上，或直接在蜡模上雕刻，然后是锉形、整形与抛磨。需要关注天气的湿度与温度，注意蜡模的收缩程度。

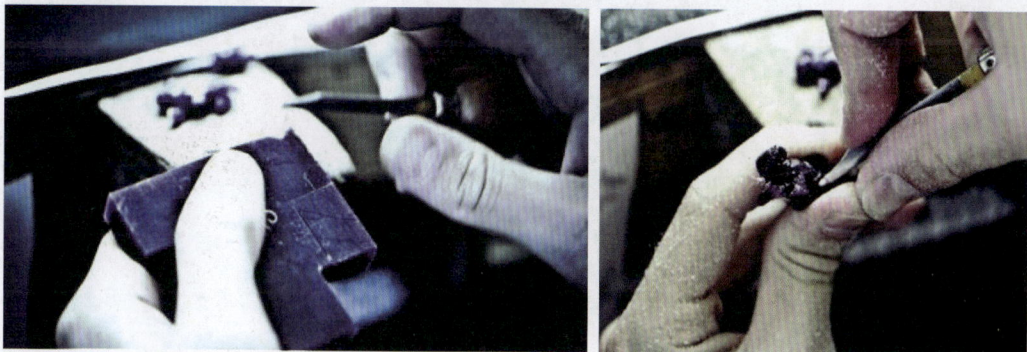

▶ 雕刻蜡模

3. 失蜡浇铸法

失蜡浇铸是现今首饰业中最主要的一种生产工艺，失蜡浇铸而成的首饰也成为当今首饰的主流产品。浇铸工艺适合凹凸明显的首饰形态，并且可以进行大批量的生产。

失蜡浇铸加工工艺的流程为：制作金属模型、压制胶模、注蜡模、植蜡树、灌制石膏、铸件浇铸。

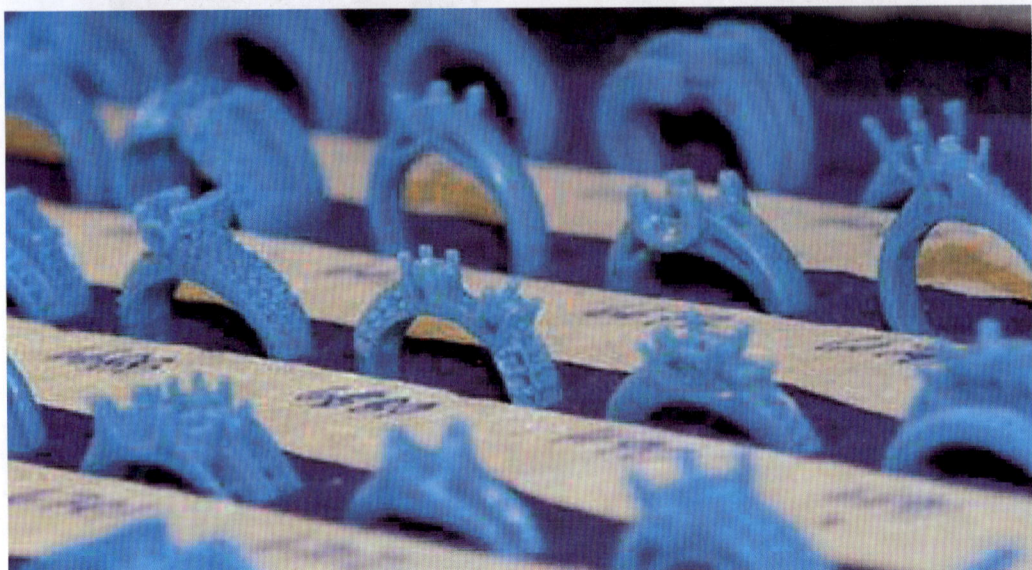

► 使用 3D 打印设备制作出来的蜡模

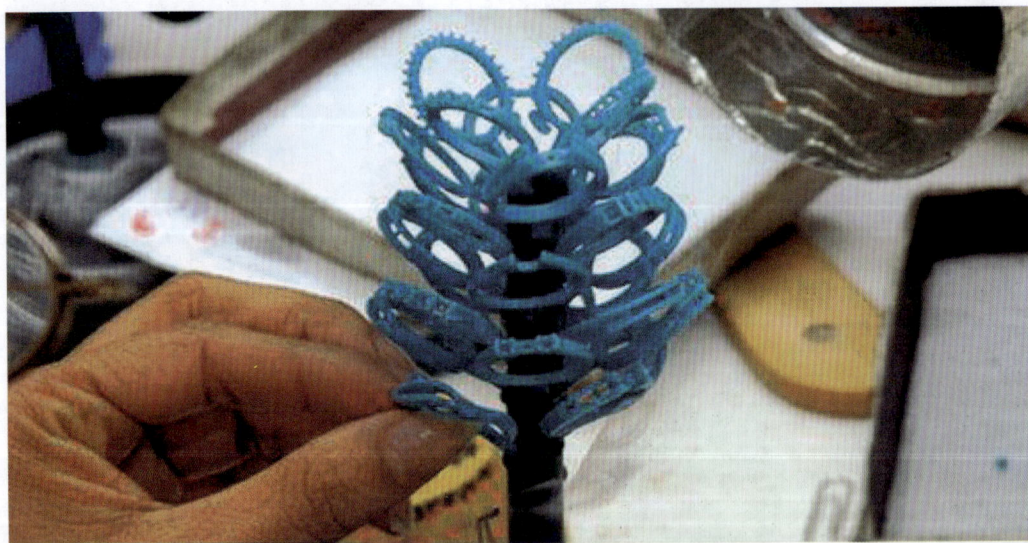

► 植蜡模树

▶ 灌制石膏并加热烘烤

▶ 铸造好的坯件

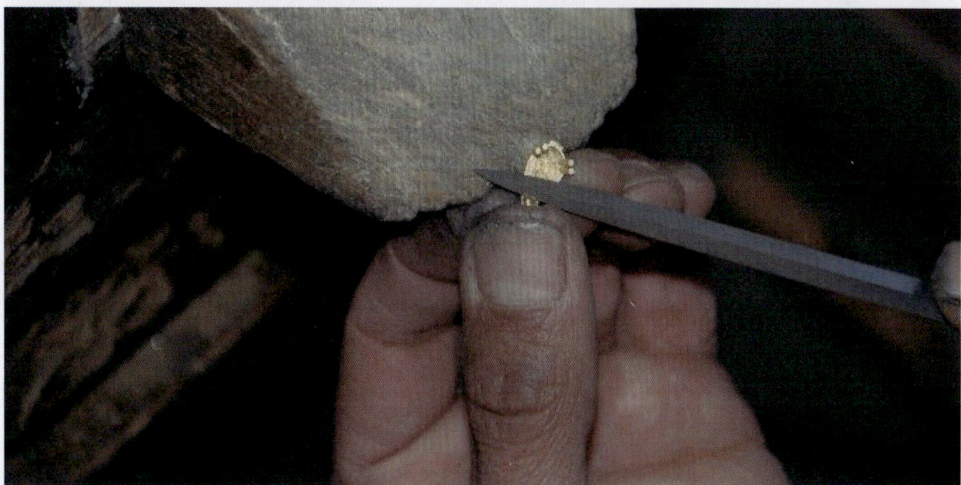

▶ 将坯件逐个取下加工，这个步骤又称为执模

▶ 设计图、蜡模和成品的对比

▶ Van Cleef & Arpels 芭蕾舞伶胸针成品

4. 电铸成型法

电铸成型技术是目前制作贵金属摆件的主要方法。用泥、木等材料雕塑成型，运用蜡或石膏翻制并喷涂金属导电膜，放入电解槽电解成型，脱膜修整。

近年来，在首饰生产工艺中，中空电铸得到发展，由于研制出新的添加剂，使这项技术逐步成熟。其实电铸的准备工作与失蜡铸造工艺几乎是一样的，只是不用制作石膏模，只对蜡模表面进行敏化处理，使蜡模表面导电，然后在特制的电铸液中进行电镀，完成后熔去蜡模，形成了中空的饰品。

▶ 蜡模及成品

● **思考与练习**

雕刻一件以花卉为主题的蜡模。

第二节

首饰材料

一、贵金属材料

制作首饰时经常使用的贵金属材料有黄金、白银、铂金、钯金、K金等。这些金属大多数拥有美丽的色泽、稀少、价格高、好的加工性和延展性、化学性质稳定等特点，在一般条件下不易引起化学反应和过敏。

对于贵金属首饰的保养需注意以下几点：

（1）贵重金属首饰要避开含铅、汞等元素的化学品，例如，足金（999黄金或9999

黄金）接触含有汞成分的物件，如体温计、血压表等会在表面形成白色的汞金化合物。将发白处放置于酒精灯上灼烧就能消除白色。

（2）黄金首饰不宜与白色贵金属如铂金、银等接触存放，会造成混色。

（3）请勿佩戴任何金属首饰沐浴，如足银（999银或9999银）首饰遇到有硫磺成分的香皂就会变成黑色。

（4）贵重金属首饰要注意放置，切勿与硬物发生摩擦或磕碰。首饰戴久了会失去光泽或显得脏，可以去专柜使用超声波清洗仪进行清洗。自己亦可以进行日常的贵重金属首饰护理，用绒布、麂皮等干擦，或用酒精、洗涤剂、清水擦洗或湿擦。

二、非贵金属材料

目前，市场上使用非贵金属制作的首饰材料有铜、黄铜、钢、锡、钛、镍合金、铝合金等。有些饰品生产商为了降低成本而又让产品达到一定的美观度，所以用廉价金属采取镀层的工艺以达到饰品在视觉上的效果，镀层的表面都是由贵金属置换出来的。但如果在工艺上处理不当，贵金属没有完美的镀层，那么这些残留在金属夹层的活性剂就会让饰品的使用者产生皮肤过敏等症状。

使用非贵金属材料制成的首饰价格远低于使用贵金属材料制成的首饰，但是也可以依靠提高饰品的设计美感从而提高价格。

● **思考与练习**

了解贵金属首饰及非贵金属首饰的市场价格。

第三节

焊接金属与焊剂

一、焊接金属材料的性质

焊接是首饰加工制作中常用的一道工序，焊接所用的金属材料包括贵金属材料和非贵金属材料。用于焊接金属材料间的焊剂通常为合金材料，其应具有以下性质：

（1）焊剂需与焊接金属材料色泽相同或相近。

（2）焊剂需与焊接金属材料具有相近的强度和塑性。

（3）焊剂在熔融状态下具有流动性和包裹性，并且不会产生过多的氧化物和杂质，冷却后无过多的气孔。

（4）焊剂在冷却状态或熔融状态都须无毒性。

二、焊剂的配制

对于金银铜系列的合金来说，其焊剂也可由这几个元素组成。配制焊剂应注意对铜（Cu）、锌（Zn）、镉（Cd）等元素的控制，因为它们是影响焊剂熔点的关键。在保证含金量一致的前提下，一是调整铜的比例，铜的添加是为了保证焊剂的塑性；二是增加锌、镉等元素的含量来降低焊剂的液固相线温度。

在配制焊剂时应在真空或者保护环境中进行，以最大程度减少氧化物的混入，提高焊剂的纯净度。

▶ 各种银焊剂
（高、中、低温焊片及焊粒）

▶ 各种铂金焊剂
（高、中、低温焊片）

▶ 黄金及各种黄金焊剂
（9K，10K，14K，18K）

● **思考与练习**

（1）了解焊接金属材料的性质。

（2）熟悉掌握焊剂的配制。

第四节

制作工具与制作设备

一、主要制作工具

1. 线锯和钻具

用于锯图样，切断管、棒、片等。钻具用于钻孔、小凹凸面的精细打磨等。

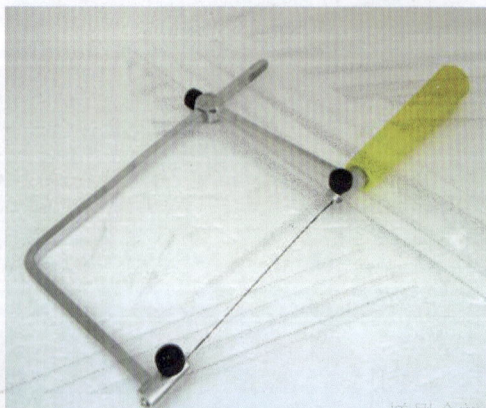

▶ 线锯

▶ 钻机

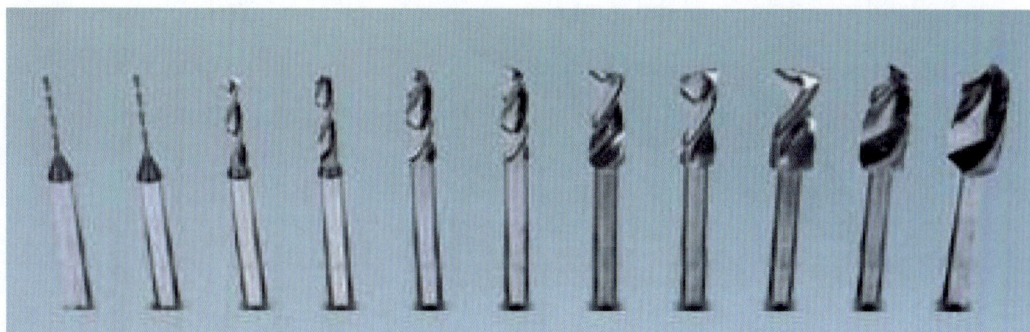

▶ 各种型号的钻针

2. 镊子

镊子有平口镊、尖嘴镊、反向镊子等。

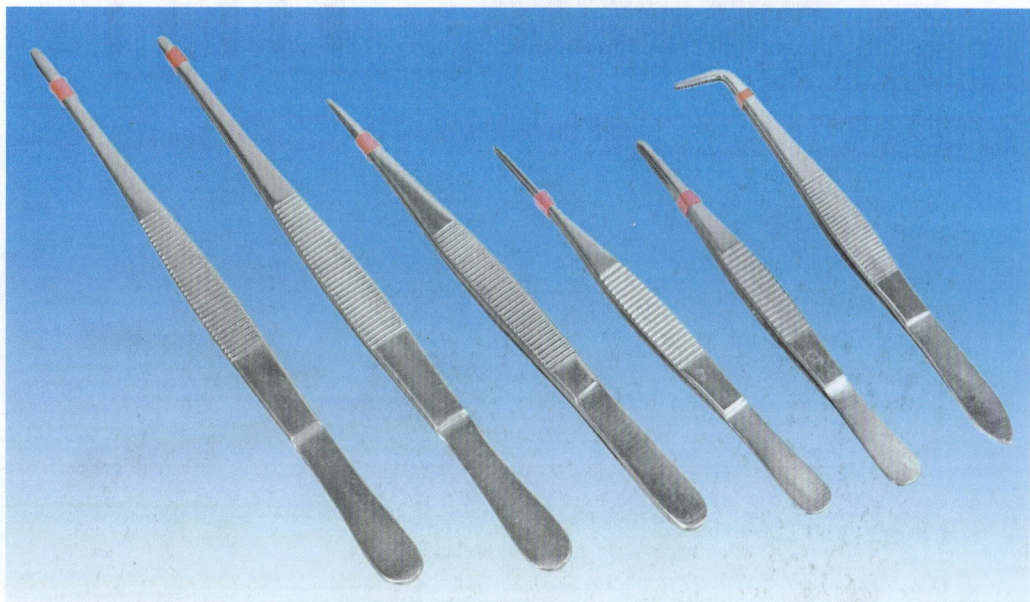

▶ 各种型号的镊子

3. 锉刀与砂纸

用于修整工件外形和表面。锉刀有平锉、圆锉、方锉、三角锉等。

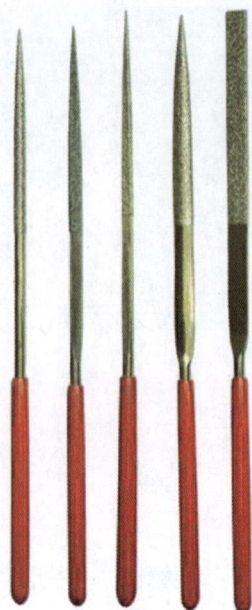

4. 钳子与剪子

钳子和剪子用来把持工件、剪钳。剪子分为焊料专用剪或大铁剪，钳子分为平口钳、圆口钳、尖嘴钳等。

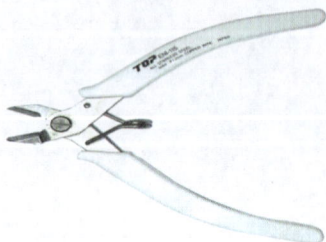

▶ 专用剪

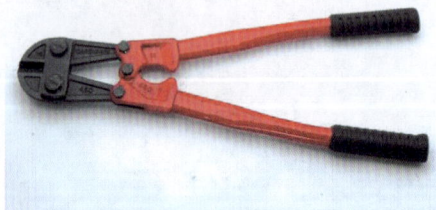

▶ 大铁剪

5. 拉丝（线）板

由一组孔径不同的硬质合金圈镶在钢板上制成，通常需要固定使用。其拉丝孔通常为硬质合金制造，也有采用人造金刚石的。拉丝孔的形状通常为圆形，也有椭圆形、半圆形、三角形、方形等，还有专门拉制异形截面丝的拉丝板。拉丝孔的直径由大到小。

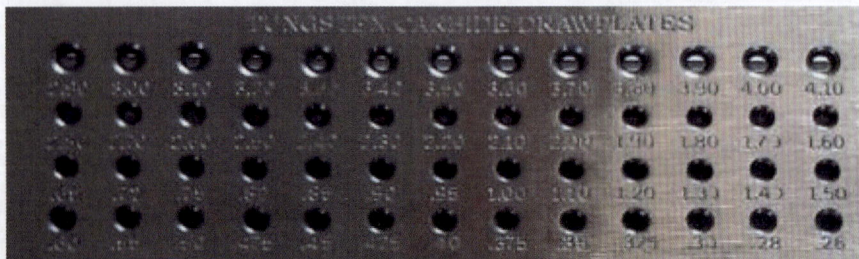

▶ 拉丝板

6. 锤子与砧板

锤子分为铆锤和弧锤，敲击材料，以获得想要的形状；砧板垫在金属下面承受锤子的敲击。

▶ 锤子

7. 刻刀、研磨刀

刻刀可分为斜刃、平刃、菱形刃、圆口刃等。研磨刀有弧形的也有直形的，多用玛瑙制成，也有用工具钢经高抛光制成的"钢压"。

▶ 刻刀

8. 组合焊具

焊台、焊接板、焊枪，用于焊接和熔化少量金属和退火。

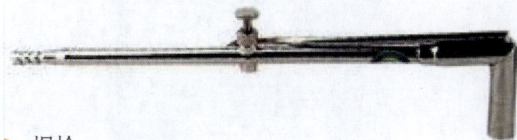

▶ 焊枪

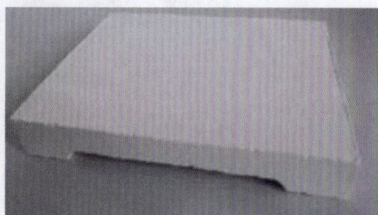

▶ 焊台

9. 度量工具

卡尺、标尺、厚度规等。

10. 其他工具

油石、锁嘴、钢针、火漆、戒指棍等。

二、主要制作设备

（1）工作台。

▶ 标准首饰工作台

（2）压片机。首饰制作中不可少的机器，用于材料的压片或者拉丝。

▶ 手摇压片机

▶ 自动压片机

（3）天平。

▶ 精密天平用于称白银和黄金

（4）抛光机。由电机带动。

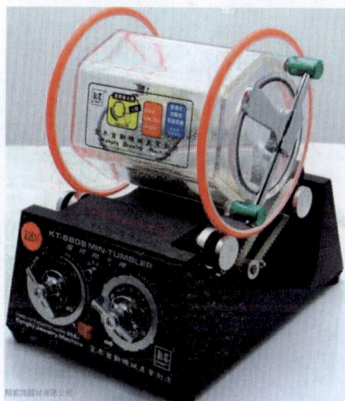

▶ 抛光机

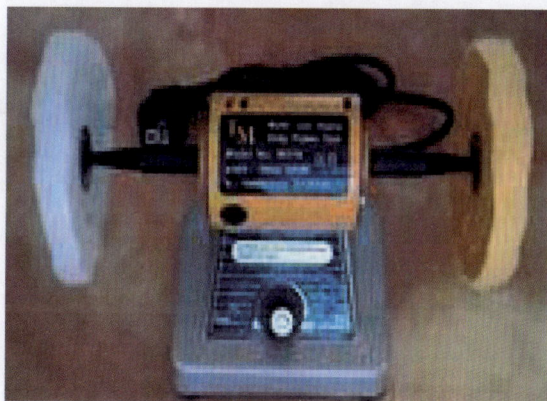

（5）吊机。用脚控制转速的吊机，通过置换不同的铣头对材料进行钻孔、镶嵌、打磨抛光。

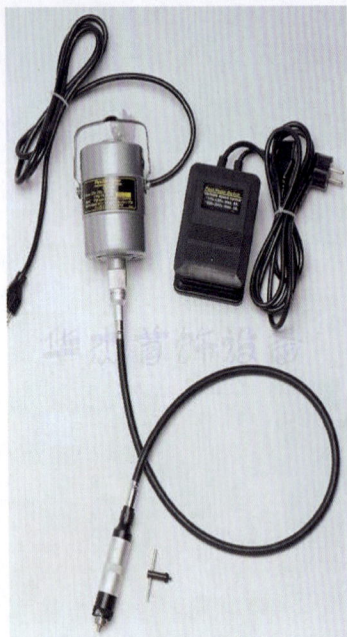

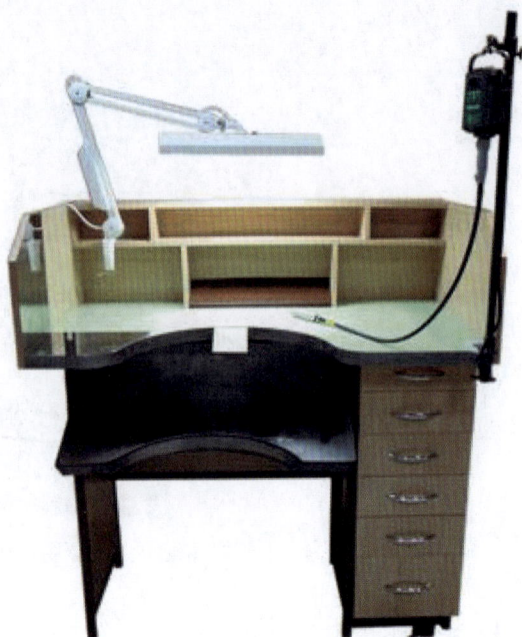

▶ 吊机

● **思考与练习**

配备属于个人的首饰制作的基本工具。

第四章

金属首饰的制作工艺及流程

一、学习目标

通过本章的学习，能够掌握首饰制作工艺流程及方法。

二、本章重点

花丝工艺、实镶工艺、錾花工艺。

三、本章难点

将设计与工艺完美结合。

第一节

花丝工艺与平填工艺

花丝工艺和平填工艺都是中国制作首饰等器物的传统手工艺，两种工艺制作方式相仿，都是由不同粗细的金丝、银丝、铜丝搓制而成的金属丝，后将金属丝进行再加工，如盘曲、掐花、填丝、堆累、镶嵌等手段制作出精美的工艺品。两种工艺是金银工艺中较为繁杂、工艺要求严格的传统手工艺。

平填工艺只是在器物表面进行平面的花丝制作，而花丝工艺在装饰上则是进行有层次的，浮雕感更突出。

▶ 平填工艺

▶ 花丝工艺首饰

花丝尺寸对照表：

丝号（#）	直径（mm）	丝号（#）	直径（mm）
5	5.39	21	0.81
6	4.88	22	0.71
7	4.47	23	0.61
8	4.06	24	0.56
9	3.66	25	0.51
10	3.25	26	0.46
11	2.95	27	0.42
12	2.64	28	0.38
13	2.34	29	0.35
14	2.03	30	0.32
15	1.83	31	0.29
16	1.63	32	0.27
17	1.42	33	0.25
18	1.22	34	0.23
19	1.02	35	0.21
20	0.91	36	0.19

两种工艺的制作方法通常均可以概括为"堆、垒、编、织、掐、填、攒、焊"八个字。

以灵语银及梦祥银花丝首饰制作流程为例：

1. 设计

根据市场调研、审美取向等要求或产品的主题，设计出产品的造型。

2. 备料

挑选制作花丝的金属料，进行金属化料、拉丝、轧片、配焊剂、锉焊剂等环节。

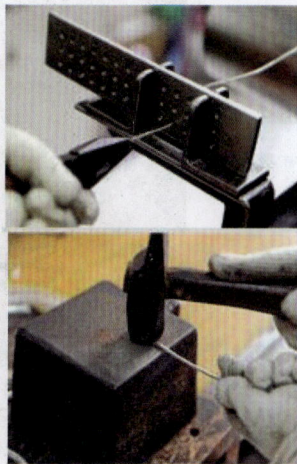

▶ 备料

3. 制胎

用手工或机器把料片制成首饰胎型。胎型的比例要准确，焊缝要严，焊剂接口处要锉平，胎型的制作要规整、光滑、平润。

4. 花丝制作

利用"堆、垒、编、织、掐、填、攒、焊"各种技法，根据要求制作各种不同纹样的花丝以备用。

堆是指将各种花丝或者素丝掐成所需纹样，把掐成的花丝纹样用白芨粘在胎体上，根据所粘花纹的疏密，放置焊剂，没有焊牢的花纹用点焊将花纹接点处焊牢。后用火烧成灰烬，而留下镂空的花丝空胎的过程。

▶ 镂空的花丝空胎

垒是指两层以上的花丝纹样组合，垒的技法可分为两种：一种是在实胎上粘花丝纹样图案，然后焊接，另一种是部件的制作过程中单独纹样垒成图案。

▶ 花丝工艺制作手环

编、织，用一股或者多股不同型号的花丝或者素丝编织成花纹。

▶ 花丝

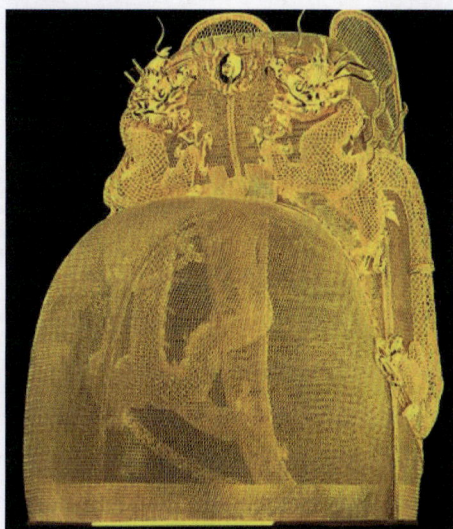

▶ 使用花丝工艺织成的手环和帽冠

掐是指用铁质镊子把花丝或素丝掐制成各种花纹。

▶ 掐

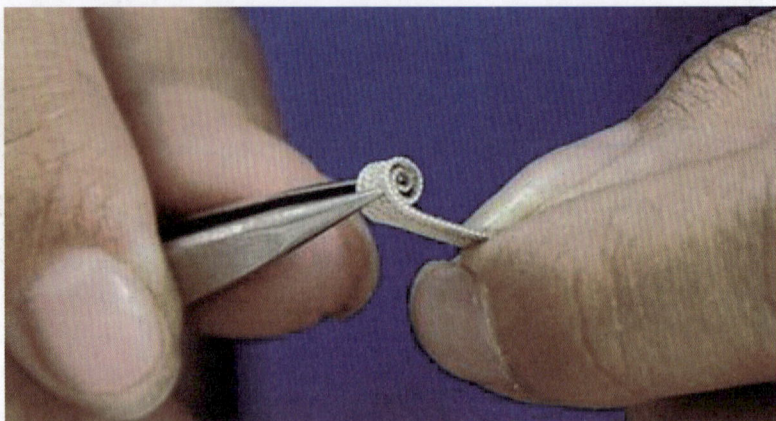

▶ 掐

填是把压扁的单股花丝或者素丝掐填在掐制好的纹样轮廓中。

▶ 填

攒是把由不同方法做好的纹样组装成复杂的纹样。

▶ 攒

焊是花丝工艺中最基本的技法，伴随着花丝工艺的每一道工序。

▶ 焊

5. 黑胎成形与清洗

根据设计的产品要求，把各种花丝攒集起来，焊接成型。然后使用硫酸等化学试剂把工艺品的黑胎清洗干净，去除杂质。

6. 烘干

把清洗后的工艺品部件或整体工艺品，放入烤箱烘干。

7. 点蓝、烧蓝

点蓝是上釉料的过程，需注意黑胎上不得有任何杂质。将上了釉料的部件放入炉中加热，使釉料产生反应并固定。

将点过珐琅的首饰放进烤箱，调制合适温度，烧制准确时间。厚度、时间长短、温度等因素的变化都决定了颜色的不同。

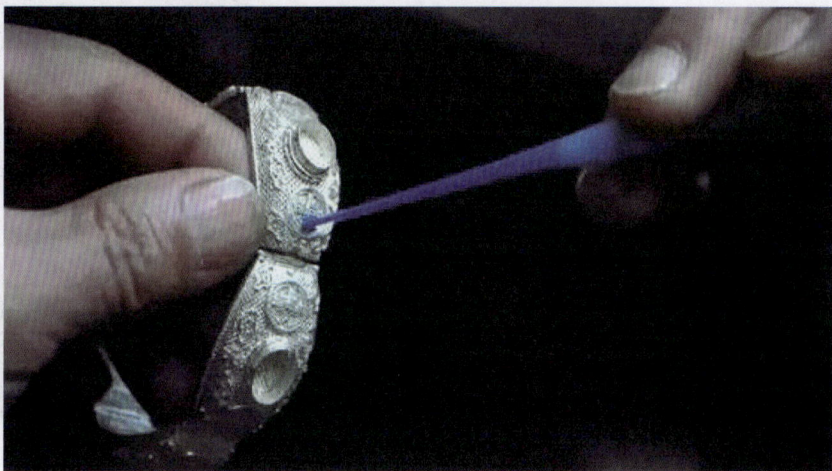

▶ 点蓝

8. 镀金、镀膜

在工艺品表面进行镀金和镀保护膜的处理，以保持其表面的光泽和新度。

9. 镶嵌

镶嵌石组装部件时要稳、准，用力适当，黏合剂配比、用量均要恰到好处，工艺品表面不能露出明显的粘接痕迹。

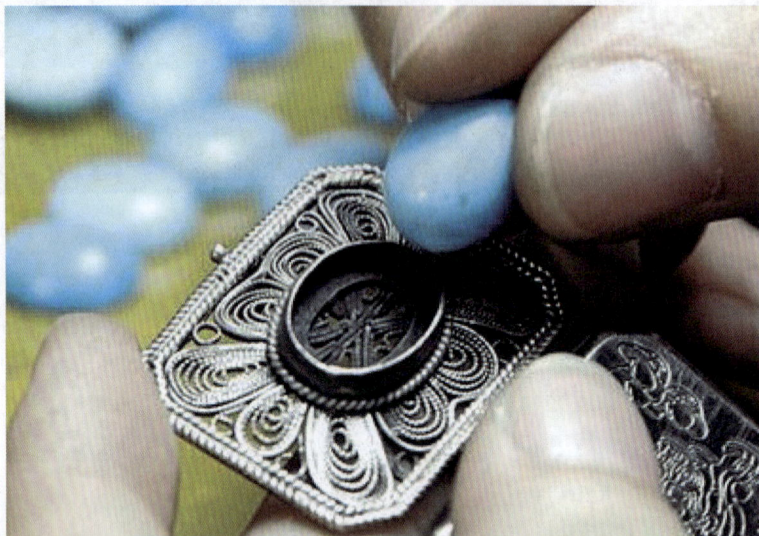

▶ 镶嵌

10. 检验包装并完成

在制作完成后，需对成品进行检验。并按标准进行包装，以保证在运输过程中不会因振动而导致破损。

▶ 灵语银手绘设计图和成品图的对比

实镶和电铸工艺

一、实镶工艺

实镶工艺又称镶嵌工艺，是指用锤、锯、锉、削等制作工具将金属（原料以片、丝为主），材料要有一定的硬度以便制作时进行锤打锻制、锯割纹样、锉光焊接成一个整体的工艺。

常见的珠宝镶嵌方法有包镶、槽镶、钉镶、爪镶（由纽约著名珠宝商蒂芙尼发明）、雪花镶（雪花镶嵌法被认为是镶嵌大师 Alain Kirchhof 独创，诞生于大师与腕表品牌积家的合作中）、卡镶以及藏镶。爪镶、包镶、藏镶是传统工艺的代表，经历时代的演变，其风格含蓄稳重而又不失灵活的变化，生命力极强，流行数十年依然经久不衰。槽镶和钉镶多用于群镶钻饰或成为豪华款的点缀。卡镶则是当前时尚工艺的代表，由设计师赋予生命，变幻无穷，是时下流行的新宠。

1. 包镶

包镶也称包边镶，它是用金属边将宝石四周都圈住的一种工艺，多用于一些较大的宝石，特别是拱面的宝石，因为较大的拱面宝石用爪镶工艺不容易将其扣牢，而且长爪又影响整体美观。只有永恒经典型的底座，才能将人们的目光吸引到宝石上。

优点：视觉上很有安全感，款式多变。缺点：这种镶嵌方法不显钻。

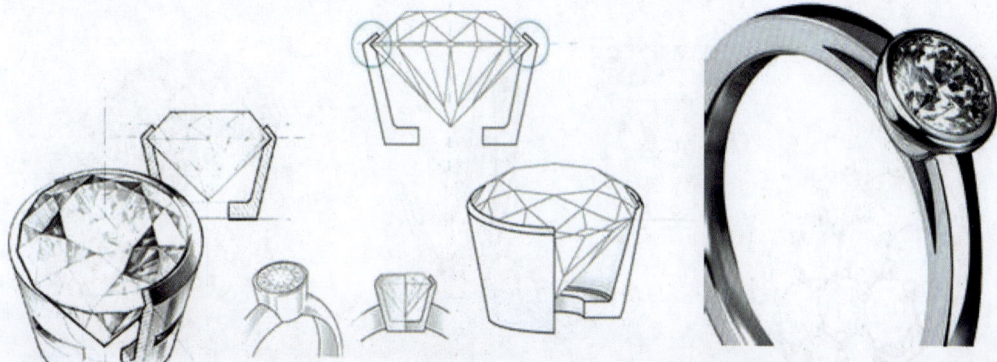

▶ 包镶

2. 槽镶

利用金属卡槽状卡住宝石腰棱两端的镶嵌方法。可根据款式利用圆形、方形、长方形、梯形等碎钻进行群镶。槽镶在装饰上比较突出线条，给人以高贵、华丽之感。宝石镶嵌在两根呈平行状的金属条中，清晰明朗，又不显得突兀。宝石和金属都呈现出了它们不同的风韵。

优点：镶嵌牢固。可以欣赏到钻石的侧面。缺点：不显钻。

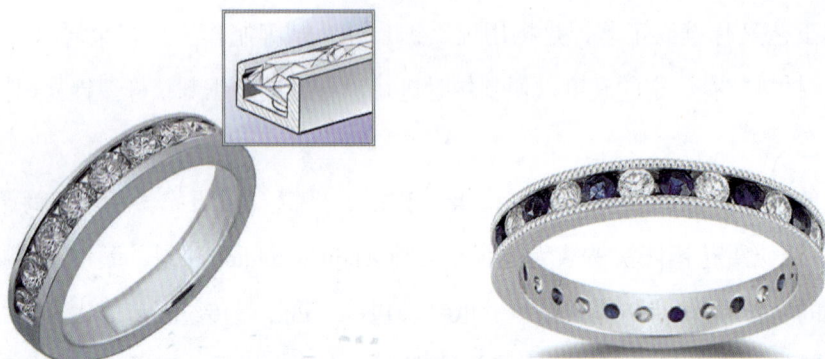

▶ 槽镶

3. 钉镶

钉镶是一种典型的首饰镶嵌方法，主要用于直径 3mm 以下的小石或副石的镶嵌，是利用宝石边上的小钉将宝石固定在钻位上，多用于群镶中副石的镶嵌。排列分布多种多样，常见的有线形排列、面形排列、规则排列、不规则排列。依据钉的多少又分为两钉镶、三钉镶、四钉镶与密钉镶。钉镶的排石方法主要有线形、三角形、梅花形、规则群镶和不规则群镶等，钉镶镶嵌是钉与宝石的相互配合方式。钉镶虽然复杂，但是精细别致。小小的金属孔抓住每一颗宝石，成为一个精细的底座。

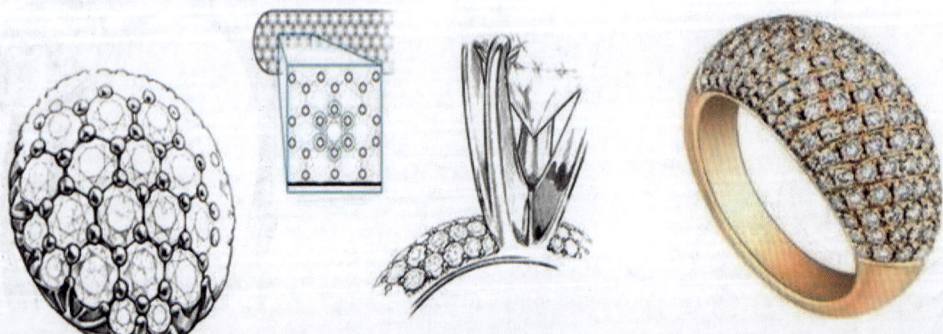

▶ 钉镶

4. 爪镶

爪镶是传统的齿镶镶嵌方法。工艺上是将金属齿向钻石方向弯下而"抓紧"钻石。主要用于弧面形、方形、梯形、随意形钻石和玉石的镶嵌。这是镶嵌工艺中最常见而且操作相对简单的一种工艺。又分单粒镶和群镶两种，单粒镶即只在托架上镶一粒较大钻石，以衬托和体现主石的光彩与价值。爪镶法按照爪的数量分为二爪、三爪、四爪和六爪等；按爪的形状可以分为三角爪、圆头爪、方爪、包角爪、对爪（姊妹爪）尖角爪、随型爪等。例如目前流行的"六爪皇冠"形钻戒就是利用爪镶法镶嵌的。六个长腰三角爪似皇冠将钻石高高托起，光线从四周射入钻石并发生折射，钻石显得晶莹剔透，高贵华丽。爪镶在镶嵌多颗钻石时一般先镶嵌副石，再镶嵌主石。副石多为圆刻面形碎钻。

优点：①爪镶的镶嵌方式最适合镶嵌单粒圆刻面女戒。其最大优点是能使光从不同角度进入钻石，能很好烘托钻石的光彩。②镶嵌工艺制作方便、牢固，能很好、安全地抓住大克拉的钻石，30 分以上的大钻戒清一色的是爪镶款，所用金属材质也较少。③爪镶款式经典之处在于永不过时，可以任意搭配，其他新潮款式基本上只是盛行一时。④爪镶的镶嵌方法制出的钻戒款式也易于清洗，流畅光洁，不会因藏污纳垢而失去光彩。⑤正规的婚戒一般都用爪镶制作，大气而有纪念意义。

缺点：①爪镶款式有时容易钩住衣服、毛巾或头发，佩戴时要特别注意。②钻石暴露程度比别的款式多，也要对钻石进行保护。

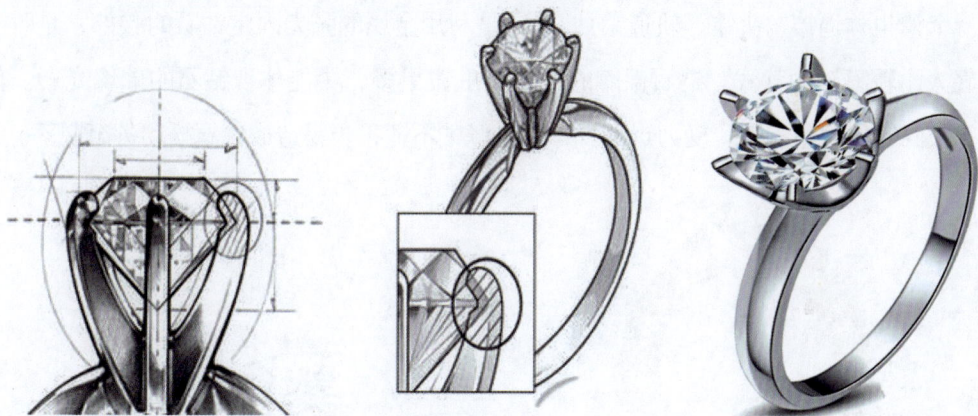

▶ 爪镶

5. 雪花镶

雪花镶嵌法与其他镶钻法的区别在于，镶嵌师必须运用高度审美观与卓越的镶嵌技艺，并且细心挑选不同大小的钻石，潇洒、任意地镶嵌在表壳上，以流畅、自然的排列方式呈现，因此每只钻石大小与数量均不相同。在批量机器化生产技术普及的今天，纯手工就显得尤为可贵。因为雪花镶嵌的随机性与不确定性，并非所有工匠可胜任，因此成品都价值连城。

▶ 雪花镶

6. 卡镶

卡镶也称逼镶（夹镶、轨道镶），卡镶是利用金属的张力固定钻石的腰部，是时下年轻人比较喜欢的款式。钻石裸露的部分比爪镶更多，更能体现钻石的璀璨光彩。但钻石被固定的位置有限，受力点很少，如果佩戴不适，极易造成钻石松动甚至脱落。

▶ 卡镶

7. 藏镶

藏镶也称抹镶，也可称澳大利亚镶法，就是在一个窝位面积比钻石大的位置把钻石固定且压住钻石的腰部，钻石的底部也不会外露，也是比较稳定的镶法，这种镶法没有爪，所以看上去有不一样的美感，钻石能够更全面地展现出来，特别适合日常佩戴的饰品。

作为传统钻石镶嵌手法之一的藏镶法，在珠宝设计师的手中幻化得更为多姿多彩。极富工业感的彩金戒环上，藏镶着精致的小钻石，如星空般闪烁着璀璨的光芒，给人以简单、纯粹之美。

▶ 藏镶

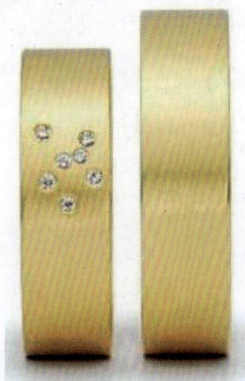

二、实镶工艺的加工流程

（1）制作零部件。锤打黄金原料，根据所需图案对其进行锯割、锉削等制成首饰零件。

（2）焊接。将制作好的各种零件按照设计稿要求严密地焊接。

（3）抛光。制作好的珠宝首饰需用玛瑙刀、酸洗、抛光机等进行抛光。

（4）镶嵌珠宝。镶嵌的方法有爪镶、包镶、轨道镶、围镶、挤珠镶、群镶等。

（5）检验与抛光。对首饰质量检查后进行最后一次抛光。

三、电铸工艺

电铸工艺就是电成形技术，在首饰加工制作中是一种新的工艺技术。这种首饰加工工艺技术可以制作出体积大、空心、壁薄、细节轮廓清晰、表面无痕迹的首饰产品。

电铸工艺的原理是将经过表面处理过后可以用来导电的模型浸入含有金属离子等

组成的电解液中，在电场的作用下，金属按一定比值沉积到模型表面，最后再把模型去掉的过程。

电解铸造的加工流程：

（1）制作蜡模。选用首饰蜡作为原料，通过雕模板、复模割模、注蜡、执模等步骤制作蜡模。

（2）电铸。先在制作好的蜡模上涂银油（导电层），待银油晾干后会在蜡模表面形成很薄的导电层，然后再经在蜡模上开预留孔，最后落缸电铸。

（3）除蜡与银油。将电铸缸里的铸件取出后通过预留孔进行除蜡、除银油。

（4）过焗炉。放入温度约 750℃的焗炉内烘烤 10~20 分钟，将水分及砂窿内的酸、盐、蜡等杂质除去，防止红点出现，并消除内应力，降低首饰的脆性。

（5）电铸件表面处理。通过蘸酸性清洁液清洗铸件表面的脏污和斑点后对铸件进行喷砂、打磨。

第三节
电镀工艺

电镀是把镀液中的金属离子，在外电场的作用下，经过电极反应还原成为金属原子，并在阴极上进行金属沉淀，从而在首饰表面形成一个镀层，以有效地改变首饰的纹理、色彩、质感，以防止蚀变，对首饰起到美化和延长使用寿命的作用。

根据电镀使用的目的，电镀可以分为防护性电镀和装饰性电镀两种。

防护性电镀主要是为了防止金属腐蚀，通常使用镀锌、镀铑、镀锡等。在银饰品上很常用。我们知道，银很容易氧化变黑，对首饰的美观很不利，通常会通过电镀来保护。宝珑网的 925 银首饰，都有镀铑。铑是昂贵的贵金属，性质稳定，色泽洁白，跟铂金一样，可以有效地防止 925 银氧化变黑。装饰性电镀主要是以装饰为目的，当然也会有一定的防护性。

为了美化，多半装饰性电镀是由多层电镀层组合出来的电镀。通常是在首饰上先镀一层底层，然后再镀上表面层，有时，还有一个中间层。在贵金属电镀和仿真首饰中这类电镀应用广泛。这类电镀的首饰，镀层往往是很高档的贵金属，如黄金、18K金、彩色金属等，而其基本材质往往是小五金，或者非贵金类的物质。

▶ 电镀首饰

包金、鎏金和描金方法

一、包金

包金这种工艺技术在我国具有悠久的历史，包金可以用来作为首饰装饰工艺，也可作为首饰修复工艺。包金首饰的优劣主要依赖于包金工艺水平的高低。

内部均用铆钉锁牢

▶ 包金装饰工艺　　　　　　　▶ 包金修复工艺

包金的工艺流程为：

（1）将金属如金、银、铜等锤打成薄片。

（2）将金属薄片包裹于首饰上。

（3）用木槌慢慢均匀地敲打金属表面，使金属片与首饰完全贴合。

二、鎏金

鎏金这种技术在春秋战国时期已经出现，是在器物表面贴金的技术。

▶ 鎏金首饰

鎏金的工艺流程为：

（1）把金和水银（汞）合成金汞漆。

（2）将金汞漆按照要求涂在首饰表层。可根据需要分多次涂抹。

（3）加热或者烘烤，使水银蒸发，金就很牢固地附在首饰表面，不易脱落。

三、描金

根据描金使用的材料，在古代为金粉。将金溶于汞和盐类的溶液中，再将汞和盐类加热蒸发掉，即得到金粉。在现代，一般多用含纯黄金量为10%~12%的液态黄金，及以铂、钯金为材料的液态白金。

金粉或者是液态金都可以用来在首饰等器物上进行描绘装饰。

▶ 在陶瓷首饰上描金

第五节

烧蓝、车花工艺、錾花工艺与雕金工艺

一、烧蓝

烧蓝工艺又称点蓝工艺、烧银蓝、银珐琅。烧蓝工艺是我国传统的首饰工艺之一，

由于这种"蓝"只能烧制在银器表面，因此也称为"烧银蓝"。

▶ 烧银蓝

烧蓝工艺一般包括以下步骤：

（1）制器。将银板锤成或制成器胎，胎面上有银丝掐出的各式花纹图案，并焊接成形。

（2）一次清洗。将银胎置于一份硝酸钠溶液中（硝酸钠与水的比例为 1∶10）。

（3）烘干加热。将银胎放入电烤箱内烘干，并加温至 700℃，待银胎整体烧成红色后取出。

（4）再次清洗。将烧成红色的胎体放入配比好的稀硫酸溶液（硫酸与水的比例为

1∶10）泡或煮 3~5 遍，直至胎体和纹样焊接处、胎面及花纹上的污垢全部清洗干净。

（5）敷点釉料。在干燥的胎面和纹样上敷点釉料。

▶ 点蓝后就可准备烧制

（6）烧制。将敷点釉料的胎体放入炉火中烧制成器。

将点过珐琅的首饰放进烤箱，调制合适温度烧制准确时间。厚度、时间、温度等因素的不同都决定着颜色的不同。

▶ 烧制

（7）打磨抛光。

▶ 打磨抛光

（8）超声波清洗后就可完成。

二、车花工艺

车花工艺（铣花工艺）就是利用不同花样的铣刀，在首饰表面刻出各种花纹形状的首饰机械加工工艺。经过车花工艺加工的首饰表面显现出十分绚丽的光彩。

▶ 利用车花工艺制作的首饰

三、錾花工艺与雕金工艺

錾花工艺与雕金工艺都需要高超的手工技术，其工艺原理相同，都是通过手掌的推动在金属表面雕刻出各种线条和花纹，区别在于不同形状的雕刀。

錾花工艺是我国古代金工传统工艺之一，使用小锤敲击大小不同的金属錾子，从而在首饰表面留下錾痕，形成纹理。浮雕工艺也属于雕金工艺，就是在首饰表面雕刻出纹样，常见的有高档金属首饰吊件。

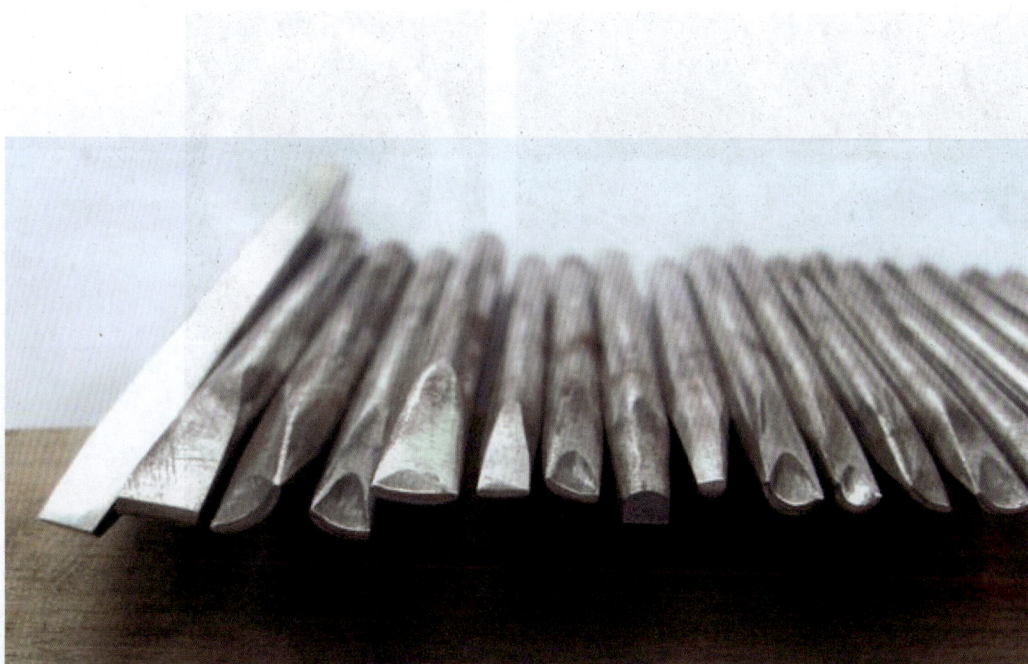

▶ 雕刻刀

▶ 浮雕饰品

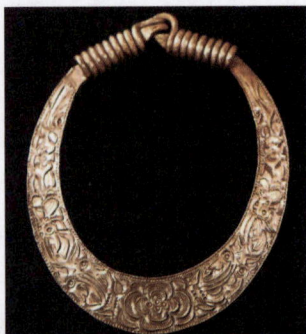

▶ 苗族錾花工艺饰品

第六节

喷砂、拉丝等其他工艺

一、喷砂工艺

喷砂工艺是将首饰放置在喷砂机器中，通过石英砂、金刚砂、铁砂等坚硬细小砂粒在高压气体的作用下喷射于首饰表面，让表面产生颗粒化般的凹陷，从而使金属表面具有亚光效果。喷砂时可以根据设计需要，局部加工或者全加工，还可以调节喷砂的力度。

▶ 黄金首饰亚光效果

二、拉丝工艺

拉丝工艺与喷砂工艺都是为了在金属表面制作出亚光效果，不同的是，喷砂工艺使用的是砂粒，在金属表面形成的是点状；拉丝则是用金刚砂压在饰品表面或利用高速旋转的硬钢丝刷沿饰品表面做定向运动并使金属表面形成的是直线状。

▶ 拉丝工艺饰品

三、蚀刻工艺

蚀刻工艺也是一种处理金属首饰表面纹样的工艺，其工艺过程是先将金属表面预留存部分用耐酸蚀的涂料盖住，再利用酸性溶液对不需要的金属部分进行腐蚀，这种工艺适用于仿古首饰或者对表面风格有特殊要求的首饰。

▶ 蚀刻工艺饰品

四、轧花工艺

对首饰表面花纹进行批量处理时，常使用轧花工艺。由于饰品的花纹有一定的规律性，因此可以在钢模板上用手工或机械加工出所需的花纹，再利用冲压机在金属上冲压出花纹，剪下后与其他部件焊接在一起，成为完整的首饰。由于轧花工艺属于对金属表面的塑性加工，因此加工出来的首饰表面经过塑性变形，表面坚硬耐磨，光亮持久，不易倒光；但是由于钢模的复杂程度和花色变化需要较高的成本，因此轧花工艺适应市场多种消费风格的能力有待提高。

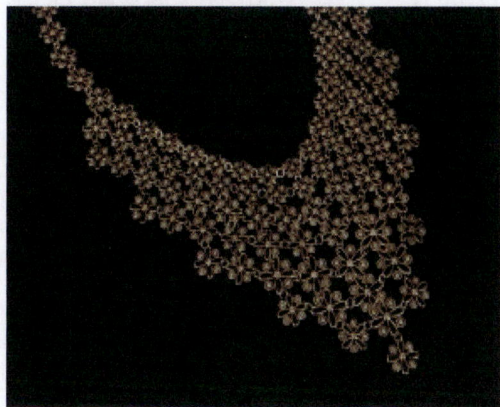

▶ 轧花工艺饰品

五、激光固化表面工艺

激光固化表面工艺（Colorit）是在 20 世纪末推出的新型表面加工技术，并广泛用于首饰加工。

激光固化表面工艺是在首饰表面涂覆单层或多层胶态光敏物质，经过激光照射，感光而固化的工艺。一般的涂层厚度为 2~3mm，其中致色涂层最厚 1mm，透明涂层厚度可达 10mm。该技术形成的透明或半透明、不透明表面层硬度很大，可以进行高速机抛，并能够抵抗电镀液的侵蚀，可以放心地进行电镀。使用激光固化表面工艺加工制作的首饰表面色彩丰富，变幻多姿，可模仿许多天然宝石的折光效果，并能够经过合理的设计和组合，形成独特的色彩和折光效果。

第七节

首饰的冲压工艺

冲压工艺是指完全使用首饰加工机器对金属进行切割、锉磨、抛光等过程。通过机械化、自动化的冲压工艺制作的首饰具有薄、均匀、轻、效率高、质量好、精度高

等特点。一件首饰的冲压制作，往往是由多道工序组成。一般有分离（冲裁）、弯曲、裁切、拉深、成型等工序。冲压工艺适用于底面凹凸的饰品，如小的锁片，或者起伏不明显、容易分两步或多步冲压成型或组合的物品，另外极薄的部件和需要精致的细部图案的首饰也需要用冲压工艺加工。

符合采用冲压工艺加工首饰的条件有以下几点：第一，饰品冲压后，不会降低原来的使用性能要求；第二，饰品应属于批量生产；第三，饰品结构应有良好的冲压工艺性，如用于冲压的首饰形状尽量对称；第四，用于冲压的首饰合金需具备良好的塑性和一定的冷加工性能；第五，用于冲压的首饰表面需无擦痕或者破损；第六，用于冲压的首饰厚度需均匀。

冲压设备的种类：气动冲压机、液压冲压机和人力冲压机。气动冲压机是使用压缩空气作为动力源，它的动作较迅速；液压冲压机一般采用高压油缸产生压力，增压比较缓慢；人力冲压机有脚踏冲压机、手动冲压机等种类。

● **思考与练习**

独立设计一款首饰，选择合适的工艺制作。

参考文献

［1］朱欢：《首饰设计》，化学工业出版社，2011 年版。

［2］孙嘉英：《首饰艺术》，辽宁美术出版社，2006 年版。

［3］张海燕：《首饰艺术设计》，中国纺织出版社，2010 年版。

［4］王昶、袁军平：《贵金属首饰制作工艺》，化学工业出版社，2008 年版。

［5］刘道荣、丛桂新、王玉民：《珠宝首饰镶嵌学》，中国地质大学出版社，2015 年版。

［6］康定斯基：《点·线·面》，重庆大学出版社，2011 年版。